我·的·第·一·套·百·科·全·书

恐龙探秘

KONGLONG TANMI

青少科普编委会 编著

吉林科学技术出版社

图书在版编目（CIP）数据

恐龙探秘/青少科普编委会编著.—长春:吉林科学技术出版社，2012.1（2022.8重印）
ISBN 978-7-5384-5559-5

Ⅰ.①恐… Ⅱ.①青… Ⅲ.①恐龙–青年读物 ②恐龙–少年读物 Ⅳ.①Q915.864-49

中国版本图书馆CIP数据核字（2011）第278697号

编　　著　青少科普编委会
出 版 人　宛　霞
特约编辑　怀　雷　刘淑艳　仲秋红
责任编辑　赵　鹏　潘竞翔
封面设计　冬　凡
幅面尺寸　165 mm × 235 mm
开　　本　16
字　　数　150 千字
印　　张　10
版　　次　2012 年 3 月第 1 版
印　　次　2022 年 8 月第 2 次印刷

出　　版　吉林科学技术出版社
发　　行　吉林科学技术出版社
地　　址　长春市福祉大路 5788 号出版大厦 A 座
邮　　编　130118
发行部电话 / 传真　0431-81629529　81629530　81629531
81629532　81629533　81629534
储运部电话　0431-86059116
编辑部电话　0431-81629516
印　　刷　三河市华成印务有限公司

书　　号　ISBN 978-7-5384-5559-5
定　　价　36.00 元

如有印装质量问题　可寄出版社调换

前言 QIANYAN

恐龙有什么独特本领？恐龙能复活吗？每个孩子都想知道有关恐龙的故事吧！只可惜，它已经离我们彻底远去了。

即便如此，可恐龙却留下了许多遗迹，例如恐龙化石、骨骼等，让我们在博物馆里，找寻属于它们的传奇。

恐龙的身世，将揭开围绕恐龙的重重迷雾。接下来，就让我们一起走近史前恐龙时代吧！

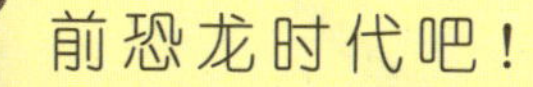

目录 MULU

恐龙时代奥秘

恐龙成长探秘

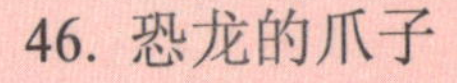

走进恐龙生活

恐龙写真

恐龙时代动物

恐龙时代奥秘

地球上在有人类之前，就早已存在许多动物了。这些动物被称为史前动物。其中最有名的便是恐龙了。恐龙生活在史前的三叠纪、侏罗纪和白垩纪。这里有许多不同形状和大小的恐龙，快快和我走近恐龙时代，通过恐龙化石、恐龙公墓和恐龙博物馆，去领略恐龙的故事吧！

gǔ shēng wù de lì shǐ biàn qiān
古生物的历史变迁

zài hěn jiǔ hěn jiǔ yǐ qián wǒ men de dì qiú shanghuāng mò cóngshēng háo wú shēng jī zhí
在很久很久以前，我们的地球上荒漠丛生，毫无生机。直
dào yǒu yì tiān zuì zǎo de shēngmìng zài yuán shǐ hǎi yáng lǐ dànshēng le bìng zhú bù jìn huàchéngyuǎn
到有一天，最早的生命在原始海洋里诞生了，并逐步进化成远
gǔ shēng wù jiē xià lái jiù ràng wǒ men cóngyuǎn gǔ huà shí kāi shǐ qù zhǎo xún nà yí duàn lì
古生物。接下来，就让我们从远古化石开始，去找寻那一段历
shǐ de biàn qiān ba
史的变迁吧！

yīng wǔ luó huà shí
▲鹦鹉螺化石

huà shí gù shì
化石故事

zài wén zì fā míng qián dì qiú de lì shǐ shì
在文字发明前，地球的历史是
kào huà shí jì zǎi de kě bié xiǎo kàn le tā tā kě
靠化石记载的。可别小看了它，它可
shì cún liú zài yán shí zhōng de gǔ shēng wù yí tǐ huò yí
是存留在岩石中的古生物遗体或遗
jì jì zǎi le xǔ duō gǔ shēng wù xìn xī tōng guò
迹，记载了许多古生物信息。通过
yán jiū huà shí wǒ men cái néng zhī dào yǐ qián fā shēng
研究化石，我们才能知道以前发生
de gù shì zuì chángjiàn de huà shí yǒu yīng wǔ luó děng
的故事，最常见的化石有鹦鹉螺等。

yuán shǐ shēngmìng
原始生命

zài dì qiú shang zuì kāi shǐ chū xiàn de shēng wù shì shēnghuó zài yuán shǐ hǎi yáng lǐ hòu lái
在地球上，最开始出现的生物是生活在原始海洋里。后来，
jīng guò màncháng suì yuè de yǎn biàn zhè xiē yuán shǐ shēngmìng jìn huà wéi yǒu jiǎn dān xì bāo jié gòu de
经过漫长岁月的演变，这些原始生命进化为有简单细胞结构的
shēng wù yán jiū fā xiàn zhè xiē shēng wù de xì bāo jié gòu yǔ xiàn cún de xì jūn lán zǎo shí fēn
生物。研究发现，这些生物的细胞结构与现存的细菌、蓝藻十分
jìn sì
近似。

史前时代

自地球形成以来，时间可以分为不同的“代”和“纪”，这是根据地层自然形成的先后顺序来划分的。不同的时期，地层会有不同的地质构造。

▲ 菊石

小知识

地球上可能出现过1500多种恐龙。

恐龙进化史

我们生活的地球，大约形成于46亿年前，第一个动物生命出现在10亿年前。恐龙生活的时代被称为中生代（2.51亿年前—0.65亿年前），科学家把这个时代分为——三叠纪、侏罗纪和白垩纪。

6500万年前

有很多生物物种在6500万年前从地球上消失了。同时，大量新的物种开始涌现，昆虫类、爬行类、鱼类和哺乳动物等一直存活至今。

▲ 三叶虫化石

三叠纪

三叠纪大约从2.5亿年前开始，于2.05亿年前结束。在这一时期，地球上发生了许多重大的变化。当时地球上只有一个大陆，大部分地区是茫茫沙漠。后来统治地球的恐龙就是从此开始崛起的。

温差不大

三叠纪时期，地球上的阳光平均地照耀着大地，所以地球上的温差很小，南、北极的温度差不了多少。

最早的恐龙

这时，陆地上的河流两岸，开始慢慢有植物长出，例如松柏、苏铁等，还有一些矮小的蕨类植物。由于植物的繁盛，地球气候开始发生了变化。慢慢地，最早的恐龙出现了。

▼苏铁

小知识

原始的哺乳动物最早见于晚三叠纪，化石都是牙齿和颌骨的碎片。

sān dié jì
▲三叠纪
cáo chǐ lóng
槽齿龙

kǒnglóngzhǒngqún
恐龙种群

dào le sān dié jì wǎn qī dì qiú shang
到了三叠纪晚期，地球上
de kǒnglóng yǐ jīngchéngwéizhǒng lèi fán duō de yī
的恐龙已经成为种类繁多的一
gè lèi qún le zhàn jù le zhòngyào dì wèi yīn
个类群了，占据了重要地位。因
cǐ sān dié jì yě bèi chēngwéi kǒnglóng shí
此，三叠纪也被称为“恐龙时
dài qián de lí míng
代前的黎明”。

kǒnglóng de jìn huà
恐龙的进化

zǎo qī de kǒnglóng kàoqiángzhuàng de hòu tuǐ xíng zǒu hé bēn pǎo wèi le shì yìnghuánjìng de biàn
早期的恐龙靠强壮的后腿行走和奔跑。为了适应环境的变
huà jīng guòshēng wù jìn huà yǒu xiē ròu shí xìngkǒnglóngbiàn de néng zhí lì bēn pǎo mù dì jiù shì
化，经过生物进化，有些肉食性恐龙变得能直立奔跑，目的就是
gènghǎo de bǔ liè shí wù hái yǒu yī xiē sù shí kǒnglóng tǐ xíngbiàn de dà qǐ lái mù dì shì
更好地捕猎食物。还有一些素食恐龙，体型变得大起来，目的是
róng nà gèngduō de zhí wù
容纳更多的植物。

qí tā pá xíngdòng wù
其他爬行动物

chú le kǒnglóng sān dié jì hái yǒu xǔ duō qí tā pá xíngdòng wù
除了恐龙，三叠纪还有许多其他爬行动物，
yǒuyàng zi zhǎng de xiàng bǔ rǔ dòng wù de pá xíngdòng wù hái yǒu rú yú
有样子长得像哺乳动物的爬行动物，还有如鱼
lóng huànlóng de hǎi yáng pá xíngdòng wù hái yǒuyuán shǐ bǔ rǔ
龙、幻龙的海洋爬行动物，还有原始哺乳
dòng wù jù xíng kūnchóngděng
动物、巨型昆虫等。

yú lóng
▶鱼龙

zhū luó jì
侏罗纪

zhū luó jì shì zhōngshēng dài de dì èr gè jì dà gài cóng jù jīn yì nián kāi shǐ
侏罗纪是中生代的第二个纪，大概从距今2.05亿年开始，
dào jù jīn yì nián jié shù zhè yī shí qī qì hòu shī rùn zhí bèi fán shèng yě shì kǒng
到距今1.35亿年结束。这一时期气候湿润，植被繁盛，也是恐
lóng de dǐngshèng shí qī kǒng lóng xùn sù chéng wéi dì qiú de tǒng zhì zhě yī qǐ qù kàn kàn bā
龙的鼎盛时期。恐龙迅速成为地球的统治者，一起去看看吧！

yì tè lóng
▲异特龙

liǎngkuài lù dì
两块陆地

zhè yī shí qī dì qiú shangyuánběn shì
这一时期，地球上原本是
yī gè zhěng tǐ de dà lù mànmàn de biànchéng
一个整体的大陆，慢慢地变成
le liǎngkuài zhōngjiān shì dà xī yáng zhǐ shì
了两块。中间是大西洋，只是
bǐ jiào xiǎo ér yǐ jiù xiàngxiàn zài de hǎi xiá
比较小而已，就像现在的海峡，
hǎi yáng yě bǎ kǒnglóng fēn gē kāi lái
海洋也把恐龙分割开来。

kǒnglóng shì jiè
恐龙世界

zhū luó jì shí qī dànshēng le xǔ duōkǒnglóng lù dì shangchǎnshēng le léi lóng liánglóng
侏罗纪时期，诞生了许多恐龙。陆地上产生了雷龙、梁龙，
hái yǒuxiōngměng de yì tè lóng yǒngchuānlóngděng ròu shí xìngkǒnglóng tā men jīngcháng zài cóng lín
还有凶猛的异特龙、永川龙等肉食性恐龙，它们经常在丛林、
hú bīn chū mò lìng wài yú lóng shé jǐng lóng zài hǎi yángzhōngchū mò yì lóng zài kōngzhōng zì
湖滨出没。另外，鱼龙、蛇颈龙在海洋中出没，翼龙在空中自
yóu fēi xíng
由飞行。

zuì zǎo de yì lóng

最早的翼龙

yì lóng chǎn shēng qián de shù bǎi wàn nián qián wéi
翼龙产生前的数百万年前，唯
yī néng fēi xíng de dòng wù shì kūn chóng zuì dà de kūn
一能飞行的动物是昆虫。最大的昆
chóng shì qīng tíng tā tǒng zhì zhe zhěng gè tiān kōng
虫是蜻蜓，它统治着整个天空，
kě yǐ bǔ shí qí tā xiǎo de kūn chóng kě yì lóng chū
可以捕食其他小的昆虫。可翼龙出
xiàn le tā dài tì jù dà de qīng tíng chéng wéi le kōng zhōng xīn de tǒng zhì zhě
现了，它代替巨大的蜻蜓，成为了空中新的统治者。

yì lóng
▲ 翼龙

xiǎo xíng kǒng lóng

小型恐龙

小知识

niǎo lèi shǒu cì chū xiàn zài zhū luó jì zài bái è jì niǎo lèi dé dào le hěn dà fā zhǎn
鸟类首次出现在侏罗纪。在白垩纪，鸟类得到了很大发展。

zài zhū luó jì chú le yī xiē páng dà de kǒng lóng hái yǒu
在侏罗纪，除了一些庞大的恐龙，还有
yī xiē xiǎo xíng kǒng lóng tā men jiù shì xiǎo niǎo lóng hé māo yī yàng
一些小型恐龙。它们就是小鸟龙，和猫一样
dà shì dòng zuò xùn sù de shí ròu lèi kǒng lóng zhǔ yào kào zài guàn
大，是动作迅速的食肉类恐龙，主要靠在灌
mù cóng zhōng zhuī bǔ xī yì hé qí tā xiǎo dòng wù
木丛中追捕蜥蜴和其他小动物
wéi shēng
为生。

zhū luó jì shí cǎo kǒng lóng wān lóng
▲ 侏罗纪食草恐龙——弯龙

dà bǎo kǒu fú

大饱口福

zhū luó jì zhí bèi fēng shèng zhí shí xìng kǒng lóng kě yǐ dà bǎo kǒu fú rú cǐ yī lái fēng
侏罗纪植被丰盛，植食性恐龙可以大饱口福。如此一来，丰
fù de liè wù yě ràng gèng duō de ròu shí xìng kǒng lóng wú bǐ fán shèng suǒ yǐ kǒng lóng shì bù huì è
富的猎物也让更多的肉食性恐龙无比繁盛。所以，恐龙是不会饿
zhe de
着的。

bái è jì
白垩纪

bái è jì shì zhōngshēng dài de dì sān jì cóng jù jīn yì nián kāi shǐ dào jù jīn wàn nián qián shì kǒnglóng de dǐngshèng shí qī zhè shí dì qiú shang de liǎng kuài lù dì yòu kāi shǐ fēn liè wéi gèng xiǎo de lù dì màn màn de zhè xiē lù dì xíngchéng le jīn tiān wǒ men suǒ shuō de qī dà zhōu

白垩纪是中生代的第三纪，从距今1.35亿年开始，到距今6500万年前，是恐龙的鼎盛时期。这时地球上的两块陆地，又开始分裂为更小的陆地。慢慢地，这些陆地形成了今天我们所说的七大洲。

dá dào dǐngshèng
达到鼎盛

bái è jì zǎo qī kǒnglóng jiā zú dá dào dǐngshèng ér niǎo lèi zài zhè gè shí qī réng zài jìn huà bǔ rǔ dòng wù yě zài mànmàn fā zhǎn yóu qí shì zhí wù kōngqián fánshèng tè bié shì yǒu huā zhí wù tā men fù gài le dì qiú shang jué dà bù fen zhí shí xìng kǒnglóng yǒu le chōng zú shí wù zhǒng lèi yě zēngduō le chū xiàn le qín lóng léng chǐ lóng děng

白垩纪早期，恐龙家族达到鼎盛，而鸟类在这个时期仍在进化，哺乳动物也在慢慢发展。尤其是植物空前繁盛，特别是有花植物，它们覆盖了地球上绝大部分。植食性恐龙有了充足食物，种类也增多了，出现了禽龙、棱齿龙等。

niǎo lèi de fā zhǎn
鸟类的发展

niǎo lèi shì jǐ zhuīdòng wù xiàng kōngzhōng fā zhǎn qǔ dé zuì dà chénggōng de lèi qún zài bái è jì zǎo qī niǎo lèi kāi shǐ fēn huà bìng qiě fēi xíngnéng lì jí shù qī néng lì bǐ shǐ zǔ niǎo dà dà tí gāo

鸟类是脊椎动物向空中发展取得最大成功的类群。在白垩纪早期，鸟类开始分化，并且飞行能力及树栖能力比始祖鸟大大提高。

léng chǐ lóng
▲棱齿龙

huǒshānpēn fā
火山喷发

bái è jì wǎn qī dì qiú shang huǒ shān jiē lián pēn fā dà
白垩纪晚期，地球上火山接连喷发，大
qì zhōng chōng mǎn le yǒu dú qì tǐ hé huī chén jiē zhe zhí wù zhǒng
气中充满了有毒气体和灰尘。接着，植物种
lèi yě fā shēng le biàn huà zhè ràng yī xiē yǐ zhí wù wéi shēng de kǒng
类也发生了变化，这让一些以植物为生的恐
lóng zāo yù le miè dǐng zhī zāi
龙遭遇了灭顶之灾。

小知识
bǔ rǔ dòng wù suí hòu chéng wéi dì qiú shang xīn de tǒng zhì zhě
哺乳动物随后成为地球上新的统治者。

bào lóng
▲暴龙

bào lóng miè jué
暴龙灭绝

jù jiè shào bái è jì de kǒng lóng zhǒng
据介绍，白垩纪的恐龙种
lèi shì zuì duō de bào lóng jiù shì chū xiàn zài
类是最多的。暴龙就是出现在
zhè yī shí qī kě xī yóu yú huán jìng jù biàn
这一时期，可惜由于环境巨变，
tā yě hěn kuài miè jué le
它也很快灭绝了。

miè dǐng zhī zāi
灭顶之灾

zài bái è jì mò qī dì qiú shang de shēng wù jīng lì le yī cì zhòng dà shì jiàn zài dì
在白垩纪末期，地球上的生物经历了一次重大事件：在地
biǎo jū tǒng zhì dì wèi de pá xíng dòng wù dà liàng xiāo shī kǒng lóng wán quán miè jué yī bàn yǐ shàng de
表居统治地位的爬行动物大量消失，恐龙完全灭绝；一半以上的
zhí wù hé qí tā lù shēng dòng wù yě tóng shí xiāo shī zhì jīn hái méi yǒu què qiè de kē xué jiě shì
植物和其他陆生动物也同时消失。至今，还没有确切的科学解释。

zài zāi nàn miàn qián kǒng lóng yě wú lù kě táo
▼在灾难面前恐龙也无路可逃

zhēn guì de kǒng lóng huà shí
珍贵的恐龙化石

kǒng lóng suī rán zài dì qiú shang xiāo shī le dàn què zài dì céng lǐ liú xià le xǔ duō huà shí
恐龙虽然在地球上消失了，但却在地层里留下了许多化石。zhè xiē zhēn guì de kǒng lóng huà shí shì kǒng lóng liú gěi wǒ men de zhēn guì dàng àn yě ràng
这些珍贵的恐龙化石，是恐龙留给我们的“珍贵档案”，也让wǒ men rén lèi yī qǐ lái tàn suǒ kǒng lóng de ào mì
我们人类一起来探索恐龙的奥秘。

kǒnglóng gǔ gé huà shí
▲ 恐龙骨骼化石

huà shí de lèi bié
化石的类别

kǒnglóng huà shí de zhǒng lèi hěn duō yǒu gǔ huà shí yá chǐ huà shí pí fū huà shí mù nǎi yī huà shí jiǎo yìn huà shí dàn huà shí fèn huà shí wèi huà shí wō cháo de yí jì huà shí děng
恐龙化石的种类很多，有骨化石、牙齿化石、皮肤化石、木乃伊化石、脚印化石、蛋化石、粪化石、胃化石、窝巢的遗迹化石等。

huà shí shì rú hé xíngchéng de
化石是如何形成的

yǒu de kǒnglóng sǐ wáng le shī tǐ lì kè bèi yǎn mái le tā men de pí fū hé jī ròu fǔ làn diào le ní shāzhōng zhǐ shèng xià gǔ gé hé yá chǐ děng jiān yìng bù fen chángnián lěi yuè ní shā biànchéng le yán shí qí zhōng de gǔ tou jiù xíngchéng le huà shí zuì hòu huà shí bèi fā jué chū lái chéngwéi kǒnglóng liú xià de zhèngmíng
有的恐龙死亡了，尸体立刻被掩埋了。它们的皮肤和肌肉腐烂掉了，泥沙中只剩下骨骼和牙齿等坚硬部分。长年累月，泥沙变成了岩石，其中的骨头就形成了化石。最后，化石被发掘出来，成为恐龙留下的证明。

gǔ gé huà shí
骨骼化石

zài suǒ yǒu de kǒnglóng huà shí zhōng
在所有的恐龙化石中，
gǔ gé huà shí chū tǔ de shùliàng zuì duō
骨骼化石出土的数量最多，
dàn bǎo cún wánzhěng de hěnshǎo lìng wài
但保存完整的很少。另外，
yá chǐ de huà shí yě bǐ jiào cháng jiàn
牙齿的化石也比较常见。

kǒnglóng huà shí
▲ 恐龙化石

zuì zǎo de kǒnglóng huà shí
最早的恐龙化石

nián yī gè yīng guó yī shēng qù gěi bìng rén kàn bìng yǔ tā tóngwǎng de qī zi zài sàn
1821年，一个英国医生去给病人看病，与他同往的妻子在散
bù zhōng ǒu rán fā xiàn yī kuài yá chǐ huà shí jīng gǔ shēng wù xué jiā men jiàn dìng zhè shì shì jiè
步中偶然发现一块牙齿化石。经古生物学家们鉴定，这是世界
shang dì yī kuài kǒnglóng huà shí
上第一块恐龙化石。

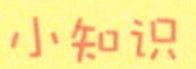

小知识

ràng suǒ yǒu kǒnglóng fù yuán huí guī dào shēngqián mú yàng shì yī xiàng fù zá de gōng zuò
让所有恐龙复原，回归到生前模样，是一项复杂的工作。

kǒnglóng tóu gǔ huà shí
▲ 恐龙头骨化石

pàn dìng kǒnglóng huà shí
判定恐龙化石

pàn dìng huà shí shì bù shì kǒnglóng huà shí shì yī gè bǐ jiào zhuān yè de jì shù gōng zuò dāng
判定化石是不是恐龙化石，是一个比较专业的技术工作。当
rán rú guǒ huà shí de dì céng shǔ yú sān dié jì zhū luó jì huò bái è jì jiù yǒu kě néng
然，如果化石的地层属于三叠纪、侏罗纪或白垩纪，就有可能。
lìng wài hái yào cānzhào xiānqián chū tǔ de huà shí jìn xíng bǐ jiào jiàn bié què dìng kǒnglóng huà shí
另外，还要参照先前出土的化石，进行比较鉴别，确定恐龙化石。

kǒng lóng gōng mù
恐龙公墓

zài shì jiè yī xiē dì fang rén men fā xiàn le kǒng lóng gōng mù yě jiù shì shuō dà liàng
在世界一些地方，人们发现了恐龙公墓。也就是说，大量
de kǒng lóng yí hái bèi jí zhōng mái zài yí chù yóu yú tū fā de zì rán shì gù kǒng lóng shī gǔ
的恐龙遗骸被集中埋在一处。由于突发的自然事故，恐龙尸骨
mái de hěn kuài yīn cǐ mù zhōng de huà shí gǔ jià dōu bǎo cún de bǐ jiào wánzhěng kǒng lóng mù
埋得很快，因此，墓中的化石骨架都保存得比较完整。恐龙墓
yī jīng fā xiàn lì jí hōngdòng yī shí
一经发现，立即轰动一时。

gōng mù de lái lì
公墓的来历

gǔ shēng wù xué jiā cāi cè zhè me
古生物学家猜测，这么
duō kǒnglóng mái zài yī qǐ shì yīn wèi fā
多恐龙埋在一起，是因为发
shēng le tū fā shì gù bǐ rú yī qǐ
生了突发事故。比如一起
shēnxiànzhǎo zé děng
深陷沼泽等。

sān dà kǒnglónggōng mù
三大恐龙公墓

shì jiè shang zuì zhù míng de sān gè kǒng lóng gōng
世界上最著名的三个恐龙公
mù fēn bié shì wèi yú jiā ná dà ài bó tǎ shěng de
墓，分别是位于加拿大艾伯塔省的
kǒnglónggōngyuán měi guó guó lì kǒnglónggōngyuán hé wǒ
恐龙公园、美国国立恐龙公园和我
guó zì gòng shì dà shān pù kǒnglóng huà shí yí zhǐ
国自贡市大山铺恐龙化石遗址。

zì gòng shì de dà shān pù kǒnglóng huà shí yí zhǐ
▲自贡市的大山铺恐龙化石遗址

▲四川自贡市发现的化石

大山铺恐龙墓

1977年，科学家在我国四川省自贡市郊的大山铺发现了一个化石点，面积约17000平方米，被誉为“世界奇观”。这里出土了大量的侏罗纪中期的恐龙化石，因而大山铺就有了“恐龙墓”之称。

恐龙之乡

在加拿大艾伯塔省，被称为“恐龙之乡”。这里竟有数百只尖角龙化石埋在一处，其中各个年龄段的都有，是同时死亡并被埋葬的。

美国“万龙坑”

1947年，在美国新墨西哥州一个叫古斯特的农场，发现了一个奇特的恐龙化石“万龙坑”，里面竟有数百只腔骨龙化石骨架，它们横七竖八、杂乱无章地堆积在一起。

▲加拿大艾伯塔省恐龙公园的恐龙模型

shì jiè kǒng lóng bó wù guǎn

世界恐龙博物馆

zài shì jiè zì rán bó wù guǎnzhōng jiù yǒu kǒng lóng bó wù guǎn guǎn nèi zhēncáng zhe zhēn guì
在世界自然博物馆中，就有恐龙博物馆，馆内珍藏着珍贵
de kǒng lóng huà shí yǒu xiē kǒng lóng bó wù guǎn jiù jiàn zào zài kǒng lóng fā jué xiànchǎng gěi rén yī
的恐龙化石。有些恐龙博物馆就建造在恐龙发掘现场，给人一
zhǒngshēn lín qí jìng de gǎn jué jiē xià lái jiù ràng wǒ men yī qǐ qù kàn kàn qí zhōngyǒu nǎ xiē
种身临其境的感觉。接下来，就让我们一起去看看其中有哪些
qí guān bā
奇观吧！

zì gòngkǒnglóng bó wù guǎn

自贡恐龙博物馆

zài wǒ guó sì chuānshěng zì gòng shì dà shān pù yǐ fā jué chū dà xíngkǒnglóng huà shí jìn
在我国四川省自贡市大山铺，已发掘出大型恐龙化石近200
gè qí zhōng bù shǎo shì wánzhěnghuò bǐ jiào wánzhěng de biāo běn yǐ xī jiǎo lèi huà shí zuì duō qí
个，其中不少是完整或比较完整的标本，以蜥脚类化石最多，其
cì shì niǎo jiǎo lèi jiàn lóng lèi hé ròu shí lèi xiàn zài zhè lǐ yǐ jiàn qǐ le wǒ guó dì yī zuò
次是鸟脚类、剑龙类和肉食类。现在，这里已建起了我国第一座
kǒnglóng bó wù guǎn
恐龙博物馆。

sì chuānshěng zì gòngkǒnglóng bó wù guǎn
▼四川省自贡恐龙博物馆

shǐ mì sēn zì rán lì shǐ bó wù guǎn kǒng lóng huà shí
▲史密森自然历史博物馆恐龙化石

shǐ mì sēn zì rán lì shǐ bó wù guǎn

史密森自然历史博物馆

shǐ mì sēn zì rán lì shǐ bó wù guǎn wèi yú měi guó huá shèng dùn zhōu guǎn nèi zhǎn chū de yǒu liáng
史密森自然历史博物馆位于美国华盛顿州。馆内展出的有梁

lóng huà shí yì tè lóng huà shí sān jiǎo lóng huà shí jiàn lóng huà shí děng dōu shì zhēn zhèng de huà
龙化石、异特龙化石、三角龙化石、剑龙化石等，都是真正的化

shí biāo běn cǐ wài shì jiè shang zuì dà de yì lóng fēng shén yì lóng yě bèi xuán yú tīng táng
石标本。此外，世界上最大的翼龙——风神翼龙也被悬于厅堂。

dì lè ěr gǔ shēng wù bó
▲蒂勒尔古生物博
wù guǎn è lóng huà shí
物馆鳄龙化石

dì lè ěr gǔ shēng wù bó wù guǎn

蒂勒尔古生物博物馆

jiā ná dà dì lè ěr gǔ shēng wù bó wù guǎn guàn chuān měi guó hé
加拿大蒂勒尔古生物博物馆贯穿美国和

jiā ná dà de luò jī shān mài zhè lǐ shèng chǎn kǒng lóng huà shí
加拿大的落基山脉，这里盛产恐龙化石。1985

nián jiàn chéng kāi fàng de zhè zuò bó wù guǎn suī rán dài yǒu yī dǐng gǔ
年建成开放的这座博物馆，虽然戴有一顶古

shēng wù de mào zi dàn chén liè pǐn jī hū quán shì kǒng lóng jiàn lóng
生物的帽子，但陈列品几乎全是恐龙，剑龙、

bà wáng lóng yā zuǐ lóng sān jiǎo lóng děng
霸王龙、鸭嘴龙、三角龙等。

é luó sī gǔ shēng wù bó wù guǎn

俄罗斯古生物博物馆

é luó sī gǔ shēng wù bó wù guǎn shì yī zuò bǎo lěi shì de jiàn zhù guǎn nèi yǒu fēng fù duō yàng
俄罗斯古生物博物馆是一座堡垒式的建筑，馆内有丰富多样

de kǒng lóng huà shí hái yǒu duō zhǒng pá xíng lèi guài shòu chén liè qí jiān rú zhēng níng è lóng píng
的恐龙化石，还有多种爬行类怪兽陈列其间，如狰狞鳄龙、瓶

xī lóng wū ěr mò lóng děng
蜥龙、乌尔莫龙等。

恐龙成长探秘

什么是恐龙呢？恐龙是远古时期地球上的一类爬行动物，外形和现在的蜥蜴、鳄鱼有些相像，数量非常多，栖息地也很广。它们有庞大的身躯、长长的脖子、锋利的爪子，还有厉害的尾巴，各有千秋，称霸一方。接下来，就让我们一起走近恐龙身体内部，去发掘属于恐龙的独特成长史。

“恐龙”的来历

人类发现恐龙化石的历史由来已久。可惜，当时人们并不知道它们的确切归属，甚至有人误认为它是“巨人的遗骸”。直到1842年，英国古生物学家理查·欧文才给它取名“恐龙”，并沿用下来。

▲理查·欧文

理查德·欧文

理查·欧文是一位杰出的古生物学家，有关中生代爬行动物方面的知识达到了相当渊博的程度，在当时无人能与其匹敌。

发现恐龙

自从人类第一次发现恐龙化石后，这类化石越来越多，后引起一位学者注意，这就是欧文，他发现这种动物很特别，它们身上的一些特征是爬行动物共有的，另一些特征有所不同。

小知识

恐龙这一称谓在我国和日本比较流行，欧美仍称它为“恐怖的蜥蜴”。

恐怖的蜥蜴

一次，理查·欧文在研究几块大化石，他感觉这些石头和蜥蜴的骨头很像。唯一的不同是，它们又比蜥蜴要大很多，于是他就给这种化石动物取名为"Dinosaur"，意思就是"恐怖的蜥蜴"，后被日本人翻译为"恐龙"。

复原恐龙

欧文发现恐龙后，就想把这一古老动物介绍给人们，随后开始为恐龙制造复原模型。装配好的恐龙骨架，有的设计成站立状，有的是在行走，还有的是在捕食。

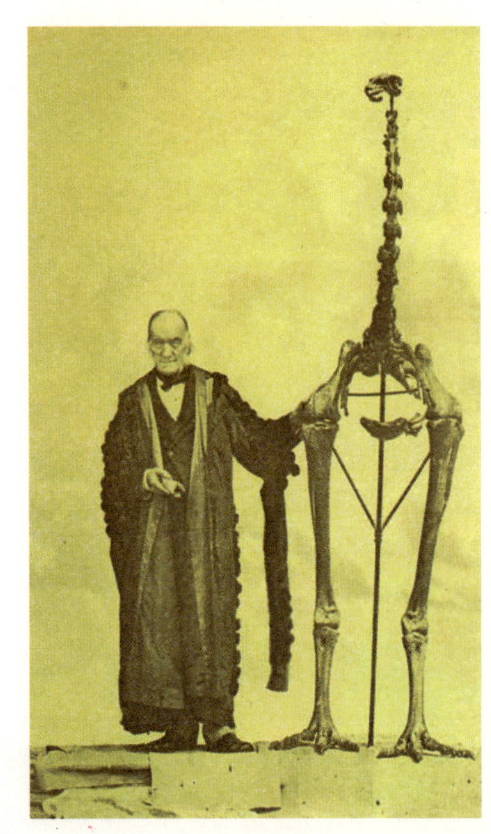

▶ 理查·欧文与恐鸟骨架

不同的恐龙

根据古生物学家的研究，恐龙就像现生的动物一样：有大的，有小的；有的以两条腿走路，有的以四条腿走路；有的吃植物，有的吃动物；有的皮肤光滑，有的皮肤上有鳞或骨板。

shén me shì kǒng lóng
什么是恐龙

kǒng lóng shì yuǎn gǔ shí qī dì qiú shang de yī lèi pá xíng dòng wù wài xíng hé xiàn zài de xī yì è yú yǒu xiē xiāng xiàng zhǒng lèi páng dà shù liàng yě fēi cháng duō tā men dà yuē shēng huó zài yì nián qián zhì wàn nián qián tǒng zhì dì qiú dá yì nián zhī jiǔ liú xià xǔ duō gù shi

恐龙是远古时期地球上的一类爬行动物，外形和现在的蜥蜴、鳄鱼有些相像，种类庞大，数量也非常多。它们大约生活在2.25亿年前至6500万年前，统治地球达1.6亿年之久，留下许多故事。

shǐ qián pá xíng dòng wù
史前爬行动物

kǒng lóng shì yǐ jīng miè jué de shǐ qián dòng wù shēng huó zài dì qiú lì shǐ de zhōng shēng dài zhōng shēng dài fēn sān gè jì zì lǎo dào xīn yī cì wéi sān dié jì zhū luó jì hé bái è jì

恐龙是已经灭绝的史前动物，生活在地球历史的中生代。中生代分三个纪，自老到新依次为：三叠纪、侏罗纪和白垩纪。

kǒng lóng zhǒng lèi
恐龙种类

kǒng lóng de zhǒng lèi fán duō yǒu shù bǎi zhǒng zhī duō zhǎng xiàng gè yì yǒu de yǒu sì wǔ céng lóu nà me gāo yǒu de bǐ yí gè wǎng qiú chǎng hái cháng

恐龙的种类繁多，有数百种之多，长相各异。有的有四五层楼那么高，有的比一个网球场还长。

jí lóng
◀ 棘龙

小知识

zhōng shēng dài yě bèi chēng wéi kǒng lóng shí dài huò pá xíng dòng wù shí dài

中生代也被称为“恐龙时代”或“爬行动物时代”。

lù dì dòng wù
陆地动物

kǒnglóng shì lù dì dòng wù dāng shí de lù dì xǔ duō dì fang dōu kě yǐ kàn dào kǒnglóng de shēnyǐng bǐ rú hú bīn hé pàn zhǎo zé píngyuán cǎo dì děng dōu shì kǒnglóng de huódòngchǎngsuǒ tā men zài zhè lǐ shēng ér yù nǚ fán yǎn hòu dài shēnghuócháng dá yì nián zhī jiǔ

恐龙是陆地动物，当时的陆地许多地方，都可以看到恐龙的身影。比如湖滨、河畔、沼泽、平原、草地等，都是恐龙的活动场所。它们在这里生儿育女，繁衍后代，生活长达1.6亿年之久。

zhū luó jì shí cǎo yì chǐ lóng
▲ 侏罗纪食草异齿龙

bái è jì zá shí sì jīn chì niǎolóng
▲ 白垩纪杂食似金翅鸟龙

luǎnshēngdòng wù
卵生动物

kǒnglóng shǔ yú luǎnshēngdòng wù měi gè kǒnglóng de pí fū shangzhǎngyǒu lín jiǎ huò gǔ bǎn hái yǒu xǔ duō kǒnglóngshēn pī yǔ máo dà duō shù kǒnglóng yǐ chī zhí wù wéi zhǔ yě yǒu yǐ dòng wù wéi zhǔ de ròu shí kǒnglóng hái yǒu yī xiē shì zá shí xìngkǒnglóng

恐龙属于卵生动物。每个恐龙的皮肤上长有鳞甲或骨板，还有许多恐龙身披羽毛，大多数恐龙以吃植物为主，也有以动物为主的肉食恐龙，还有一些是杂食性恐龙。

sān dié jì shí ròu qiāng gǔ lóng
▼ 三叠纪食肉腔骨龙

kǒnglóng de jiǎo luò
恐龙的角落

kǒnglóng zài xǔ duō dì fang dōu chū xiàn guò jí shǐ hán lěng de nán jí lìng wài rén men zài wǒ guó de yún nánshěng sì chuānshěng hé nánshěng guǎngdōngshěngděng dì dōu fā xiàn guò kǒnglóngshēnghuó guò de yí jì

恐龙在许多地方都出现过，即使寒冷的南极。另外，人们在我国的云南省、四川省、河南省、广东省等地，都发现过恐龙生活过的遗迹。

kǒng lóng de qǐ yuán
恐龙的起源

kǒng lóng dà yuē shì zài sān dié jì zhōng wǎn qī chū xiàn de yīn cǐ kǒng lóng de lǎo zǔ xiān kě néng shì sān dié jì zǎo qī de mǒu zhǒng pá xíng dòng wù tā men jìn huà chéng le zhēn zhèng de kǒng lóng

恐龙大约是在三叠纪中晚期出现的。因此，恐龙的老祖先可能是三叠纪早期的某种爬行动物，它们进化成了真正的恐龙。

cáo chǐ lèi dòng wù
槽齿类动物

cáo chǐ lèi dòng wù jiù shēng huó zài sān dié jì zǎo qī tā men de tóu gǔ hé kǒng lóng xiāng xiàng hái yǒu bàn zhí lì xíng zǒu de xí guàn yě hé kǒng lóng xiāng sì lìng wài yǒu xiē cáo chǐ lèi dòng wù wài xíng jiào xiǎo hòu zhī xì cháng zhè ràng gǔ shēng wù xué jiā cāi xiǎng tā men hěn kě néng jiù shì kǒng lóng de zǔ xiān

槽齿类动物，就生活在三叠纪早期。它们的头骨和恐龙相像，还有半直立行走的习惯也和恐龙相似。另外，有些槽齿类动物外形较小，后肢细长。这让古生物学家猜想，它们很可能就是恐龙的祖先。

kǒng lóng jiā zú
恐龙家族

kǒng lóng jiā zú fēn duō shǎo lèi qí shí zhǐ yǒu xī tún mù hé niǎo tún mù liǎng lèi yīn wèi kǒng lóng de gǔ pén xíng tài yǒu liǎng zhǒng yī zhǒng hěn xiàng xī yì de gǔ pén lìng yī zhǒng hěn xiàng niǎo lèi de gǔ pén

恐龙家族分多少类？其实，只有蜥臀目和鸟臀目两类。因为恐龙的骨盆形态有两种：一种很像蜥蜴的骨盆，另一种很像鸟类的骨盆。

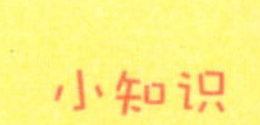

xiǎo zhī shi 小知识

jìn rù zhōng shēng dài hòu pá xíng dòng wù jiā zú fā shēng le dà fēn huà céng shèng jí yī shí

进入中生代后，爬行动物家族发生了大分化，曾盛极一时。

qià gǔ 髂骨
chǐ gǔ 耻骨
zuò gǔ 坐骨

niǎo tún mù de gǔ pén jié gòu

▲ 鸟臀目的骨盆结构

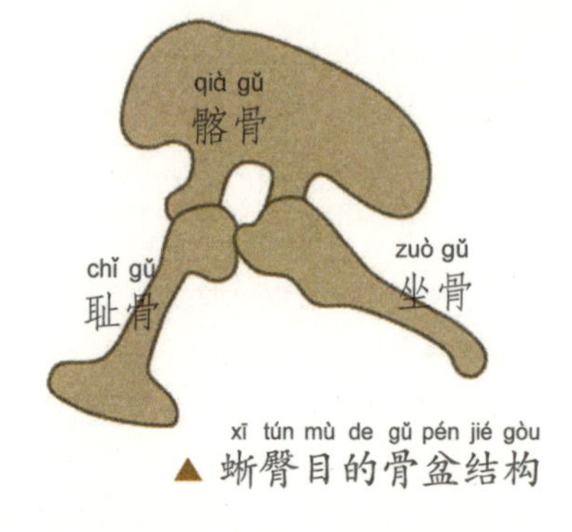

xī tún mù de gǔ pén jié gòu

▲ 蜥臀目的骨盆结构

蜥臀目恐龙

蜥臀目又分为蜥脚类和兽脚类两大类。蜥脚类的恐龙身躯庞大，脑袋小，是四足行走，都是植食性恐龙。兽脚类恐龙大都是两足行走，都是肉食性恐龙，杂食性恐龙也属于兽脚类。

鸟臀目恐龙

鸟臀目恐龙都是植食性恐龙，包括鸟脚类、甲龙类、剑龙类、角龙类，还有后来出现的肿头龙类。鸟臀目中的一部分恐龙比蜥臀目恐龙行动起来要轻松。

▲ 恐手龙

与蜥蜴的区别

蜥蜴的四肢长在身体两侧，向外延伸，走路的时候左右摇摆，比较慢。而恐龙的双腿直立在身体下面，跑起来的速度更快。

◀ 开角龙

kǒng lóng de jìn huà
恐龙的进化

kǒng lóng bìng bù shì dì qiú shang zuì zǎo de shēng wù zài tā zhī qián yǐ jīng yǒu hěn duō wù zhǒng cún zài le ér guān yú kǒng lóng de jìn huà yě shì jīng lì le yí gè màncháng de guòchéng
恐龙并不是地球上最早的生物。在它之前，已经有很多物种存在了，而关于恐龙的进化也是经历了一个漫长的过程。

kǒnglóng de lǎo zǔ xiān
恐龙的老祖先

kǒnglóng de lǎo zǔ xiān shì sān dié jì zǎo qī de yī zhǒng pá xíngdòng wù cáo chǐ lèi pá xíngdòng wù cáo chǐ lèi dòng wù yòu yǒu hěn duōzhǒng nà kǒnglóng jiū jìng shì shuí de chuán rén ne yǒu zhuān jiā jiè shào pài kè è hěn kě néng jiù shì kǒnglóng de zhí jiē zǔ xiān tā shì yī zhǒng chī ròu de pá xíngdòng wù
恐龙的老祖先是三叠纪早期的一种爬行动物——槽齿类爬行动物。槽齿类动物又有很多种，那恐龙究竟是谁的传人呢？有专家介绍，派克鳄很可能就是恐龙的直接祖先，它是一种吃肉的爬行动物。

zuì zǎo de kǒnglóng
最早的恐龙

dì qiú shang zuì zǎo de kǒnglóng chū xiàn zài yì nián qián tā men de xíng tài bǐ jiào yī bān gè tóu yě bù dà kǒnglóng de fēn huà hái bù míngxiǎn méi yǒu nà me duōzhǒng lèi
地球上最早的恐龙出现在2.25亿年前。它们的形态比较一般，个头也不大，恐龙的分化还不明显，没有那么多种类。

小知识

pài kè è yǒu diǎn xiàng è yú hòu zhī bǐ qián zhī shāo cháng yòng sì zhī xíng zǒu
派克鳄有点像鳄鱼，后肢比前肢稍长，用四肢行走。

pài kè è
▼派克鳄

shēn qū fā shēng gǎi biàn
身躯发生改变

kǒnglónggāngchū xiàn shí zhǒng lèi dān yī dōu shì yī xiē
恐龙刚出现时，种类单一，都是一些
xiǎoxíng de shuāng zú xíng zǒu de pá xíngdòng wù mànmàn de
小型的双足行走的爬行动物。慢慢地，
suí zhe shí jiān hé wài jiè zì rán tiáo jiàn de gǎi biàn
随着时间和外界自然条件的改变，
kǒnglóng de shēn qū jiàn jiàn yóu xiǎo biàn dà
恐龙的身躯渐渐由小变大，
pǐn zhǒng yě duō le qǐ lái
品种也多了起来。

píng tóu lóng
▲平头龙

shēngcún jìngzhēng
生存竞争

zǎo qī de kǒng lóng shēng cún néng lì
早期的恐龙生存能力
jí qiáng tā men bēn pǎo xùn sù dòngzuò
极强。它们奔跑迅速，动作
mǐn jié róng yì bǐ qí tā dòng wù gèngkuài
敏捷，容易比其他动物更快
huò qǔ shí wù zhè yě wèi tā men rì hòu
获取食物，这也为它们日后
dēngshàngtǒng zhì zhě de bǎo zuò diàndìng le
登上统治者的宝座奠定了
jī chǔ
基础。

kǒnglóng huà shí
恐龙化石

mù qián zuì zǎo de kǒnglóng huà shí shì zài nán
目前，最早的恐龙化石是在南
měizhōu fā xiàn de zuì zhùmíng de shì shǐ dào lóng hé
美洲发现的。最著名的是始盗龙和
hēi ruì lóng tā men dōu shì ròu shí xìngkǒnglóng suī
黑瑞龙，它们都是肉食性恐龙。虽
rán tā men bù shì zuì zǎo de kǒnglóng kě tā men yǔ
然它们不是最早的恐龙，可它们与
zuì zǎo de kǒnglóng yǐ jīng fēi cháng jiē jìn
最早的恐龙已经非常接近。

mǎ tǎ bù lā lóng
▼玛塔布拉龙

gāo jí lóng
▲高棘龙

kǒng lóng de qī xī dì

恐龙的栖息地

gēn jù mù qián fā xiàn de kǒng lóng huà shí zhèng shí kǒng lóng de qī xī dì fēi cháng guǎng zài ōu zhōu yà zhōu fēi zhōu yǐ jí nán běi měi zhōu jiā shàng nán jí zhōu děng dōu yǒu kǒng lóng yí jì kě jiàn wú lùn shì shā mò píng yuán cóng lín hú pō zhōu wéi dōu shì kǒng lóng shēng huó de qī xī dì

根据目前发现的恐龙化石，证实恐龙的栖息地非常广。在欧洲、亚洲、非洲以及南、北美洲，加上南极洲等都有恐龙遗迹。可见，无论是沙漠、平原、丛林、湖泊周围，都是恐龙生活的栖息地。

xiàn shēn běi jí

现身北极

kǒng lóng biàn bù zhěng gè shì jiè jiù lián xiàn zài hán lěng de nán běi jí dōu yǒu kǒng lóng de huó dòng zú jì zhǐ shì nà shí hòu de nán jí hé běi jí méi yǒu xiàn zài hán lěng nián yuè rén lèi zài běi jí quān lǐ fā xiàn le yī chuàn gè zú yìn hòu lái rèn dìng shì qín lóng liú xià de

恐龙遍布整个世界，就连现在寒冷的南、北极都有恐龙的活动足迹。只是，那时候的南极和北极，没有现在寒冷。1960 年 8 月，人类在北极圈里发现了一串 13 个足印，后来认定是禽龙留下的。

小知识

nán jí zhōu yě fā xiàn guò shēng huó zài qí tā zhōu de kǒng lóng

南极洲也发现过生活在其他洲的恐龙。

xuě dì xíng zǒu de kǒng lóng

▼ 雪地行走的恐龙

qín lóng hé qì hòu
禽龙和气候

qín lóng xiàn shēn dì qiú dà běi jí zhè shì kǒng lóng huà shí fā xiàn shǐ shang zuì yǒu qù zuì zhòng yào de shì jiàn zhī yī tā suǒ shè jí de fāng fāng miàn miàn wèi kē xué jiā liǎo jiě yì nián qián de dì qiú huán jìng hé shēng wù miàn mào tí gōng le zhòng yào xiàn suǒ

禽龙现身地球大北极，这是恐龙化石发现史上最有趣、最重要的事件之一。它所涉及的方方面面，为科学家了解1亿年前的地球、环境和生物面貌提供了重要线索。

jù chǐ lóng
▲巨齿龙

kǒng lóng fēn jiā
恐龙分家

kǒng lóng zěn me huì biàn bù shì jiè ne yuán lái yóu yú bǎn kuài yùn dòng kǒng lóng fēn jiā le lái dào le gè zì bù tóng de dà lù

恐龙怎么会遍布世界呢？原来，由于板块运动，恐龙分家了，来到了各自不同的大陆。

kǒng lóng qīn qī
恐龙亲戚

shēng huó zài gè dì de kǒng lóng yī yàng ma qí shí kǒng lóng de fēn bù hé wǒ men rén lèi xiāng xiàng xiàn zài zài yà zhōu měi zhōu fēi zhōu dōu yǒu zhū luó jì shí de xī jiǎo lèi kǒng lóng wǒ guó de yǒng chuān lóng ōu zhōu de jù chǐ lóng yǐ jí běi měi de yì lóng dōu yǒu hěn jìn de xuè yuán guān xì hái shì qīn qī ne

生活在各地的恐龙一样吗？其实，恐龙的分布和我们人类相像。现在，在亚洲、美洲、非洲，都有侏罗纪时的蜥脚类恐龙。我国的永川龙、欧洲的巨齿龙以及北美的异龙，都有很近的血缘关系，还是亲戚呢。

yǒng chuān lóng
▶永川龙

kǒng lóng dàn
恐龙蛋

kǒng lóng dàn yǒu dà yǒu xiǎo xíng zhuàng yě shì wǔ huā bā mén yǒu chéng luǎn yuán xíng tuǒ yuán xíng biǎn yuán xíng gǎn lǎn xíng de hái yǒu xiàng yù mǐ bàng zi de yě yǒu xiàng hā mì guā de
恐龙蛋有大有小，形状也是五花八门，有呈卵圆形、椭圆形、扁圆形、橄榄形的，还有像玉米棒子的，也有像哈密瓜的。

dàn ké lǐ miàn yǒu yī gè dà de luǎn huáng shì wèi pēi tāi tí gōng yíng yǎng de hái yǒu yī gè yáng mó náng hé niào náng
蛋壳里面，有一个大的卵黄，是为胚胎提供营养的，还有一个羊膜囊和尿囊。

kǒng lóng dàn huà shí
▲ 恐龙蛋化石

fā xiàn kǒng lóng dàn
发现恐龙蛋

zài shì jì chū rén men zài fǎ guó nán bù de pǔ luó wàng sī fā xiàn le kǒng lóng dàn huà shí zhí jìng yǒu lí mǐ kě xī de shì dāng shí rén men bìng bù zhī dào tā shì kǒng lóng dàn ér shì bǎ tā dāng chéng niǎo dàn
在19世纪初，人们在法国南部的普罗旺斯发现了恐龙蛋化石，直径有20厘米。可惜的是，当时人们并不知道它是恐龙蛋，而是把它当成鸟蛋。

zuì dà de kǒng lóng dàn
最大的恐龙蛋

nián yī méi kǒng lóng dàn zài wǒ guó hé nán shěng xī xiá chū tǔ zhè shì yī zhǒng lèi sì hā mì guā xíng de jù xíng dàn qí zhōng yī méi cháng dá lí mǐ bèi gōng rèn wéi mù qián zuì dà de kǒng lóng dàn
1993年，一枚恐龙蛋在我国河南省西峡出土。这是一种类似哈密瓜形的巨型蛋，其中一枚长达52~55厘米，被公认为目前最大的恐龙蛋。

小知识

kǒng lóng dàn yǔ niǎo lèi de dàn hái shì yǒu xǔ duō bù tóng zhī chù de
恐龙蛋与鸟类的蛋，还是有许多不同之处的。

kǒnglóng dàn
▲ 恐龙蛋

fū huà xiǎo kǒnglóng
孵化小恐龙

kǒng lóng shǔ yú luǎn shēng dòng wù jiù xiàng xiǎo jī yī yàng xiǎo kǒng lóng dōu shì cóng luǎn zhōng fū huà chū lái de kǒng lóng mā ma yī cì xià de dàn bù duō dàn fū huà lǜ què bǐ jiào gāo yī bān yī wō fū huà gè xiǎo kǒnglóng

恐龙属于卵生动物，就像小鸡一样，小恐龙都是从卵中孵化出来的。恐龙妈妈一次下的蛋不多，但孵化率却比较高。一般一窝孵化10~20个小恐龙。

xì xīn zhào liào kǒnglóng dàn de kǒnglóng mā ma
▶ 细心照料恐龙蛋的恐龙妈妈

bái è jì kǒnglóng dàn
白垩纪恐龙蛋

shì jiè shang xǔ duō guó jiā fā xiàn le kǒnglóng dàn huà shí jué dà duō shù dōu shì lái zì bái è jì wǎn qī de wǒ guó hé nán xī xiá yī cì chū tǔ le wàn méi

世界上许多国家发现了恐龙蛋化石，绝大多数都是来自白垩纪晚期的。我国河南西峡一次出土了3万枚。

zuì xiǎo de kǒnglóng dàn
最小的恐龙蛋

kǒnglóng dàn de chángjìng yī bān zài lí mǐ bù guò yě yǒu zuì xiǎo de kǒnglóng dàn cháng jìng zhǐ yǒu lí mǐ shì zài tài guó fā xiàn de wǒ guó fā xiàn de zuì xiǎo kǒnglóng dàn chángjìng wéi lí mǐ

恐龙蛋的长径一般在10~20厘米。不过，也有最小的恐龙蛋，长径只有1.8厘米，是在泰国发现的。我国发现的最小恐龙蛋长径为3厘米。

kǒng lóng de chéngzhǎng
恐龙的成长

xiǎo kǒng lóng shì rú hé zhǎng dà de ne qí shí xiǎo kǒng lóng dōu shì yóu kǒng lóng mā ma fū huà chū lái de yī kāi shǐ hěn xiǎo rán hòu zài kǒng lóng mā ma de jīng xīn hē hù xià yī tiān tiān chéngzhǎng biàn de qiáng dà qǐ lái kāi shǐ dú zì shēnghuó jiē xià lái wǒ men qù kàn kàn xiǎo kǒng lóng de chéngzhǎng lù

小恐龙是如何长大的呢？其实，小恐龙都是由恐龙妈妈孵化出来的，一开始很小。然后，在恐龙妈妈的精心呵护下，一天天成长，变得强大起来，开始独自生活。接下来，我们去看看小恐龙的成长录。

huánjìng yāo qiú
环境要求

xiǎokǒnglóngxiǎngcóngdànzhōngchū lái shì xū yào rè liàng de yī bān lái shuō kǒnglóng dàn shì kào tài yángguāng de zhí jiē zhàoshè shā zi de rè liàng yǐ jí fù gài zài dànshang de zhí wù fā jiào shí chǎnshēng de rè liàng lái fū huà de lìng wài kǒnglóng mā ma yě huì qīngqīng de fú zài dànshang wèi xiǎo bǎo bǎo tí gōng yī gè wēnnuǎn de huánjìng

小恐龙想从蛋中出来，是需要热量的。一般来说，恐龙蛋是靠太阳光的直接照射、沙子的热量以及覆盖在蛋上的植物发酵时产生的热量来孵化的。另外，恐龙妈妈也会轻轻地伏在蛋上，为小宝宝提供一个温暖的环境。

kǒnglóng fū dàn
◀ 恐龙孵蛋

xiǎokǒnglóng chūshēng le
小恐龙出生了

lìng wài kǒnglóng mā ma yě yàozhǔn bèi chōng zú de yíngyǎng shí wù hái yào bǎo hù zhè xiē dàn yǐ miǎn bèi qí tā dòng wù chī diào yī bān lái shuō xiǎo kǒnglóng zài gè yuè jiù néng fū huà chū lái

另外，恐龙妈妈也要准备充足的营养食物，还要保护这些蛋，以免被其他动物吃掉。一般来说，小恐龙在3个月就能孵化出来。

kǒnglóng wèi shí
▲ 恐龙喂食

bèi shòu hē hù
备受呵护

xiǎokǒnglóng jī hū shì zài tóng shí
小恐龙几乎是在同时
bèi fū huà chū lái de zhè xiē yòu xiǎo
被孵化出来的。这些幼小
de kǒnglóng yǐ jīngzhǎng le yá chǐ kě
的恐龙已经长了牙齿，可
yǐ jǔ jué shí wù kǒnglóng mā ma yě
以咀嚼食物。恐龙妈妈也
huì jīng xīn de wèiyǎng zhào gù zì jǐ
会精心地喂养，照顾自己
de xiǎo bǎo bǎo
的小宝宝。

qún jū shēnghuó
群居生活

wèi le xiāng hù bǎo hù hěn duōkǒnglóng de chéngzhǎng shēng
为了相互保护，很多恐龙的成长、生
cún dōu shì cǎi qǔ qún jū de fāng shì zài xiǎokǒnglóng chūshēng bù jiǔ
存都是采取群居的方式。在小恐龙出生不久
hòu yě huì jiā rù dào qún tǐ zhōng qù yī qǐ jié bàn huódòng
后，也会加入到群体中去，一起结伴活动。
yī dàn zāo yù qiáng jìn duì shǒu xiǎokǒnglóng jiù bèi dà kǒnglóng jù jí
一旦遭遇强劲对手，小恐龙就被大恐龙聚集
zài zhōngjiān bǎo hù qǐ lái
在中间保护起来。

小知识
yǒu de xiǎokǒnglóng chū
有的小恐龙出
shēng hòu mā ma huì dài zhe
生后，妈妈会带着
tā shēnghuó yī duàn shí jiān
它生活一段时间。

wēi xiǎn lái lín shí duǒcáng qǐ
▶ 危险来临时，躲藏起
lái de xiǎokǒnglóng
来的小恐龙

páng dà de kǒng lóng
庞大的恐龙

yī tí dào kǒng lóng wǒ men jiù huì xiǎng dào nà xiē kǒng lóng zhōng de jù wú bà qí
一提到恐龙，我们就会想到那些恐龙中的“巨无霸”。其

shí zǎo xiān de kǒng lóng gè tóu bìng bù dà dào le zhū luó jì bái è jì cái chū xiàn le
实，早先的恐龙个头并不大，到了侏罗纪、白垩纪，才出现了

tǐ xíng jù dà de kǒng lóng shēn qū zuì páng dà de shì xī jiǎo lèi kǒng lóng rú dì zhèn lóng mǎ
体型巨大的恐龙。身躯最庞大的是蜥脚类恐龙，如地震龙、马

mén xī lóng ā gēn tíng lóng děng
门溪龙、阿根廷龙等。

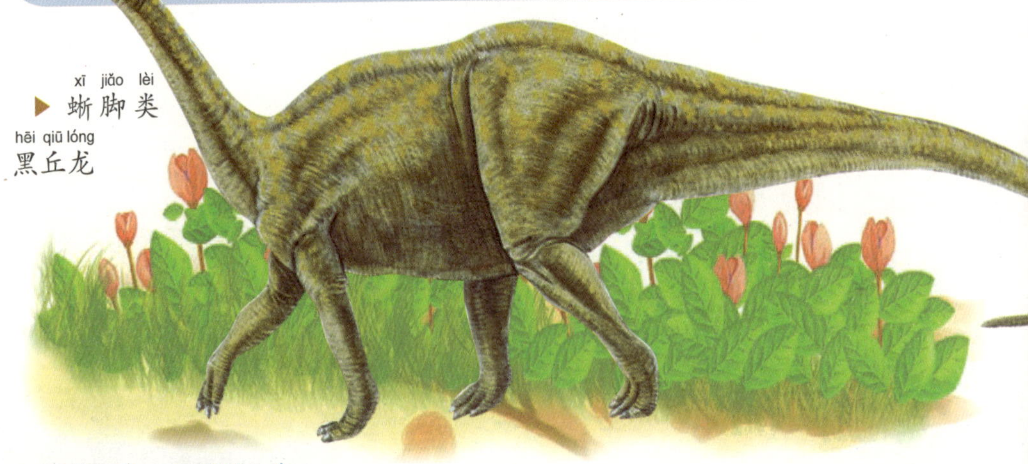

xī jiǎo lèi hēi qiū lóng
▶ 蜥脚类黑丘龙

shì jiè dì yī dà kǒnglóng
世界第一大恐龙

nián zài měi guó fā xiàn de dì zhènlóng shēncháng mǐ
1986年，在美国发现的地震龙身长33米，

róngdēng dà kǒnglóng de bǎngshǒu hòu lái ā gēn tíng lóng de kǒnglóng
荣登大恐龙的榜首。后来，阿根廷龙的恐龙

bèi fā xiàn le tā de tǐ chángyǒu mǐ yǒuliǎng gè wǎng qiú chǎng
被发现了，他的体长有35米，有两个网球场

jiā qǐ lái nà me cháng zhè yě ràng tā chéngwéi xīn de shì jiè dì yī
加起来那么长，这也让它成为新的世界第一

dà kǒnglóng
大恐龙。

小知识

xiàn zài zuì dà de dòng wù dà xiàng yào shì yǔ xī jiǎo lèi kǒnglóng xiāng bǐ jiù shì xiǎo bù diǎn
现在最大的动物大象要是与蜥脚类恐龙相比，就是小不点。

wài bù yuán yīn
外部原因

kǒnglóng wèi shén me zhǎng nà me dà　yī hé běnshēn yí chuán de nèi zài yuán yīn yǒuguān　lìng wài
恐龙为什么长那么大，一和本身遗传的内在原因有关，另外
jiù shì wài bù huánjìng　yīn wèi zài zhōngshēng dài shí　dì qiú qì hòu wēnnuǎn shī rùn　zhí wù shēng
就是外部环境。因为在中生代时，地球气候温暖湿润，植物生
zhǎngmàoshèng　shí wù fēi chángchōng zú　zhèzhǒng dú tè de zì rán huánjìng　duì kǒnglóngzhǎngchéng
长茂盛，食物非常充足，这种独特的自然环境，对恐龙长成
dà gè zi shí fēn yǒu lì
大个子十分有利。

zhōngděngshēn cái
中等身材

chú le xī jiǎo lèi dà kuài tou　hái yǒu yī
除了蜥脚类大块头，还有一
xiē zhōng děng shēn cái de　bǐ rú bà wáng lóng
些中等身材的，比如霸王龙、
yā zuǐ lóng　sān jiǎo lóng　tā men de shēncháng
鸭嘴龙、三角龙。它们的身长
zài　mǐ　bù dào zuì dà kǒnglóng de yī
在7~15米，不到最大恐龙的一
bàn　bà wánglóng de　tǐ chángyuē yǒu　mǐ
半。霸王龙的体长约有12米。

wànlóng
腕龙

wànlóng tǐ zhòngyuē　dūn　shēncháng
腕龙体重约70吨，身长
mǐ　zhàn qǐ lái zú zú yǒu　mǐ gāo
22米，站起来足足有12米高，
xiāngdāng yú sì céng lóu nà me gāo　yě shì kǒng
相当于四层楼那么高！也是恐
lóng dà kuài tou zhōng de jiǎo jiǎo zhě
龙大块头中的佼佼者。

xiǎo qiǎo de kǒng lóng
小巧的恐龙

hěn duō rén yǐ wéi kǒng lóng dōu shì páng rán dà wù qí shí bìng bù shì zhè yàng de kǒng lóng zhōng yě yǒu xǔ duō xiǎo bù diǎn rú xiǎo niǎo lóng sì tuó lóng léng chǐ lóng kuài dào lóng yīng wǔ zuǐ lóng kǒngzhuǎ lóng děng tǐ xíng jiāo xiǎo shēncháng zhǐ yǒu mǐ zhè yě shì zì rán guī lǜ zhī yī

很多人以为恐龙都是庞然大物，其实并不是这样的，恐龙中也有许多小不点。如小鸟龙、似鸵龙、棱齿龙、快盗龙、鹦鹉嘴龙、恐爪龙等，体型娇小，身长只有2~4米。这也是自然规律之一。

zuì xiǎo de kǒnglóng
最小的恐龙

měi hé lóng jiù shì mù qián fā xiàn de zuì xiǎo de yī zhǒng kǒnglóng bié kàn tā zhǎng de xiǎo kě yě shì jí qí xiōng è de tā men duì dì biǎo zhè yī céng de xiǎo shēng líng ér yán shì yī gè yán lì de mìngyùn zhǔ zǎi zhě è de shí hòu tā men jué bù huì kǒu xià liú qíng jiǎn zhí jiù shì yī gè shí zú de xiǎo è gùn

美颌龙就是目前发现的最小的一种恐龙。别看它长得小，可也是极其凶恶的，它们对地表这一层的小生灵而言，是一个严厉的命运主宰者。饿的时候，它们决不会口下留情，简直就是一个十足的小恶棍。

měi hé lóng
▶ 美颌龙

xiǎo gè zi de zhēnmiàn mù
小个子的真面目

měi hé lóng de wài xíng xiǎo qiǎo zhǐ yǒu lí mǐ cháng chú qù cháng cháng de wěi ba shēn tǐ bù guò mǔ jī bān dà xiǎo bó zi xiū cháng líng huó qián zhī duǎn hòu zhī cháng

美颌龙的外形小巧，只有70厘米长，除去长长的尾巴，身体不过母鸡般大小，脖子修长、灵活，前肢短，后肢长。

小个子有绝活

美颌龙有着敏锐的目光，捕猎能力很强。靠着强健“苗条”的后腿，可以跑得很快，能够突然加速，去捕捉跑得最快的小动物。另外，它还有一手爬树的绝活儿。

▲ 恐爪龙

◀ 似鸵龙

恐爪龙

恐爪龙个头不大，体长3~4米，只有霸王龙的三分之一长。它行动敏捷，能迅速持久地奔跑。在恐爪龙每只脚的第二趾指上，长有一个12厘米长的大弯爪。它的化石是在美国的蒙大拿发现的。

小知识

1861年，第一具美颌龙化石是在德国找到的。

似鸵龙

似鸵龙，也叫鸵鸟龙，体长只有3米，样子和鸵鸟相似。它一日三餐，只吃一些杂食，比如植物的嫩芽、果实，还有昆虫、蜥蜴等小动物。

chángcháng de bó zi

长长的脖子

tí dào kǒng lóng wǒ men zì rán huì xiǎng dào kǒng lóng de cháng bó zi yǒu de kǒng lóng de bó
提到恐龙，我们自然会想到恐龙的长脖子。有的恐龙的脖
zi bǐ xiàn zài cháng jǐng lù de bó zi hái yào cháng yě yǒu yī xiē kǒng lóng bó zi hěn duǎn jiē xià
子比现在长颈鹿的脖子还要长，也有一些恐龙脖子很短。接下
lái jiù suí wǒ men yī qǐ qù kàn kàn bā
来，就随我们一起去看看吧！

yǒuyòng de bó zi

有用的脖子

wǒ men dōu yǒu zì jǐ de bó zi kě yǐ líng huó zhuǎn dòng duì kǒng lóng lái shuō bó zi de
我们都有自己的脖子，可以灵活转动。对恐龙来说，脖子的
zuò yòng yě bù kě xiǎo qiáo wú lùn shì chī shù yè qīng cǎo hái shì sī chě liè wù
作用也不可小瞧。无论是吃树叶、青草，还是撕扯猎物
de ròu dōu lí bù kāi bó zi yóu qí shì yào jiāng liè wù de shēn
的肉，都离不开脖子。尤其是要将猎物的身
tǐ sī kāi bì xū jiè zhù bó zi de lì liàng
体撕开，必须借助脖子的力量。

mǎ mén xī lóng
▲ 马门溪龙

小知识

yào xiǎng chī dào gāo gāo de shù yè kǒng lóng de bó zi yī dìng děi líng huó
要想吃到高高的树叶，恐龙的脖子一定得灵活。

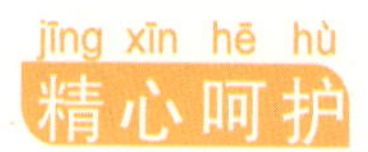

精心呵护

zài kǒnglóng de bó zi lǐ
在恐龙的脖子里，
yǒu hěn duō zhòng yào de zǔ zhī qì
有很多重要的组织器
guān bǐ rú gōng hū xī de qì
官，比如供呼吸的器
guān hé xiàng dà nǎo gōng xuè de xuè
官和向大脑供血的血
guǎn dāng rán le kǒnglóng yě
管。当然了，恐龙也
zhī dào jīng xīn hē hù zì jǐ de
知道精心呵护自己的
bó zi
脖子。

cháng bó zi zhònglóng
▲ 长脖子重龙

保持平衡

kē xué jiā tuī cè yǒu xiē kǒnglóng zài bēn pǎo shí
科学家推测，有些恐龙在奔跑时，
tā men de bó zi huì hé shēn tǐ yī qǐ yùndòng ér bó zi
它们的脖子会和身体一起运动。而脖子
nénɡ bānɡ zhù kǒnglóng bǎo chí shēn tǐ pínghéng bù róng yì pǎo zhe
能帮助恐龙保持身体平衡，不容易跑着
pǎo zhe tū rán shuāi dǎo yě jiù shì shuō kǒnglóng de bó zi
跑着突然摔倒。也就是说，恐龙的脖子
hái shì hěn hǎo de pínghéng qì ne
还是很好的平衡器呢。

jīng lóng
▶ 鲸龙

鲸龙的脖子

yǒu qù de shì jīng lóng de bó zi bù tài líng huó tā men de bó zi shì tǐng zhí shēncháng de
有趣的是，鲸龙的脖子不太灵活。它们的脖子是挺直伸长的，
wú fǎ bǎ nǎo dài tái de chāoguò jiānbǎng ér qiě zhǐ néng zài mǐ fàn wéi nèi zuǒ yòu huàngdòng suǒ
无法把脑袋抬得超过肩膀，而且只能在3米范围内左右晃动。所
yǐ jīng lóng kě yǐ dī tóu hē shuǐ chī yī xiē jué lèi yè zi hé xiǎo xíng de duō yè zhí wù
以，鲸龙可以低头喝水，吃一些蕨类叶子和小型的多叶植物。

kǒng lóng de jī jiǎo
恐龙的犄角

zài kǒng lóng shì jiè lǐ yǒu de kǒng lóng zài cháng qī de jìn huà guò chéng zhōng yǒu le dú tè
在恐龙世界里，有的恐龙在长期的进化过程中，有了独特
de fáng yù wǔ qì zhè xiē fáng yù wǔ qì jiù yǒu kǒng lóng de jī jiǎo jiē xià lái ràng wǒ men
的防御武器。这些防御武器就有恐龙的犄角。接下来，让我们
qù jiàn shí yī xià tā men de lì hai
去见识一下它们的厉害！

小知识

zài guò qù cí xìng jiān
在过去雌性尖
jiǎo lóng wèi le zhēng duó pèi
角龙为了争夺配
ǒu huì fā shēng jī jiǎo zhī
偶，会发生“犄角之
zhàn
战”。

xiàng xī niú de jiān jiǎo lóng
像犀牛的尖角龙

jiān jiǎo lóng hé yī tóu yà zhōu xiàng yī yàng cháng tā de shēn tǐ
尖角龙和一头亚洲象一样长，它的身体
cū zhuàng bí gǔ shang yǒu yī gè jiān jiǎo suǒ yǐ jiào jiān jiǎo lóng
粗壮，鼻骨上有一个尖角，所以叫尖角龙。
yī dàn zāo yù bào lóng de xí jī tā shǒu xiān huì yòng zì jǐ de jǐng
一旦遭遇暴龙的袭击，它首先会用自己的颈
dùn bǎo hù bó zi zài jiù shì yòng tóu
盾保护脖子。再就是用头
shang de jiān jiǎo zuò wéi fáng yù wǔ qì
上的尖角作为防御武器。

liǎng zhī zhēng dòu de jiān jiǎo lóng
◀两只争斗的尖角龙

jiān jiǎo lóng de qīn qī
尖角龙的亲戚

hòu bí lóng shì jiǎo lóng de yī zhǒng quán cháng mǐ tā de bí zi shang méi yǒu jiǎo tóu hòu
厚鼻龙是角龙的一种，全长6米。它的鼻子上没有角，头后
yǒu dà dà de jǐng dùn jǐng dùn shàng fāng hái yǒu liǎng zhī xiǎo jiǎo tā yě shēng huó zài jiā ná dà de ài
有大大的颈盾，颈盾上方还有两只小角。它也生活在加拿大的艾
bó tǎ shěng xiàng jiān jiǎo lóng yī yàng guò zhe qiān xǐ shēng huó
伯塔省，像尖角龙一样过着迁徙生活。

开角龙的犄角

开角龙和三角龙外观相似，但体型较小。它的大小像犀牛，能跑得像马一样快。它也有一个盾板，是带孔的。除了颈盾外，开角龙也有三只角，鼻子上方的一只较短，眼睛上方的两只又尖又长。

巨大的鼻角

作为一种特殊的角龙，戟龙的鼻子上也长着一只大角，眼睛上方各有一只很小的角，但在"颈盾"四周还长着尖利的戟状物，因为像我国古代兵器中的"戟"，所以叫做戟龙。

吓跑敌人

戟龙只要把头从下往上使劲一抬，数把利剑立刻刺进来犯者的皮肉。它们从不轻易参战，通常只要摇摆一下，就能把敌人吓跑。

kǒng lóng de zhuǎ zi

恐龙的爪子

huò xǔ yǒu rén huì wèn kǒng lóng yě yǒu zhuǎ zǐ ma dāng rán
或许有人会问，恐龙也有爪子吗？当然

yǒu ā qí shí dà duō shù kǒng lóng de zhǐ duān dōu zhǎng yǒu zhuǎ
有啊。其实，大多数恐龙的指端都长有爪

zi yī bān lái shuō ròu shí xìng kǒng lóng zhǐ duān de zhuǎ zi yě shì tā men jìn gōng de wǔ qì
子。一般来说，肉食性恐龙指端的爪子，也是它们进攻的武器。

zài suǒ yǒu kǒng lóng zhōng zuì kǒng bù de zhuǎ zi yào shǔ kǒng zhuǎ lóng de le
在所有恐龙中，最恐怖的爪子要数恐爪龙的了。

cǎo shí xìng kǒng lóng de zhuǎ zi

草食性恐龙的爪子

yǒu xiē cǎo shí xìng kǒng lóng de zhǐ duān yě zhǎng yǒu zhuǎ zi ér qiě zhè xiē zhuǎ zi xiāng dāng
有些草食性恐龙的指端，也长有爪子，而且这些爪子相当

fēng lì xū yào shuō míng de shì zhè xiē zhuǎ zi bù shì yòng lái gōng jī qí tā dòng wù de ér shì
锋利。需要说明的是，这些爪子不是用来攻击其他动物的，而是

bǎo hù zì jǐ de gōng jù
保护自己的工具。

zuì cháng de zhuǎ zi

最长的爪子

zhǎng zhe zuì cháng de zhuǎ zi de kǒng lóng míng jiào lián
长着最长的爪子的恐龙，名叫镰

dāo lóng tā de zhuǎ zi cháng yuē lí mǐ tā shǔ yú
刀龙。它的爪子长约70厘米。它属于

shí cǎo xìng kǒng lóng ér bù shì ròu shí xìng kǒng lóng zhè me
食草性恐龙，而不是肉食性恐龙，这么

cháng de zhuǎ zi hěn kě néng shì yòng lái bǎo hù zì jǐ bù shòu
长的爪子很可能是用来保护自己不受

shāng hài de
伤害的。

lián dāo lóng de zhuǎ zi
◀ 镰刀龙的爪子

zuì dà kǒnglóngzhuǎ
最大恐龙爪

zhòngzhuǎlóng yuē wéi mǐ
重爪龙约为 8 ~ 10 米
cháng yǒu sān céng lóu nà me gāo tā shì
长，有三层楼那么高。它是
qiángzhuàng de ròu shí xìng kǒnglóng tā de zhuǎ shì qì jīn
强壮的肉食性恐龙。它的爪是迄今
wéi zhǐ fā xiàn de zuì dà kǒnglóngzhuǎ zhuǎ de wài cè hú
为止发现的最大恐龙爪，爪的外侧弧
xiàn dá lí mǐ cháng
线达 31 厘米长。

zhòngzhuǎlóng
▲ 重爪龙

kǒnglóngzhuǎhuà shí
恐龙爪化石

zài xīn jiāngzhǔn gá ěr pén dì chāng jí zhōukǒnglóng
在新疆准噶尔盆地昌吉州恐龙
gōu yī dài zài yì wàn nián qián shì kǒnglóngshēnghuó de
沟一带，在亿万年前是恐龙生活的
jiā yuán nián yuè rén men zài zhè lǐ fā xiàn
家园。1987 年 8 月，人们在这里发现
bái bái de yī kuài kǒnglóngzhuǎ de huà shí
白白的一块恐龙爪的化石。

小知识

hái yǒu yī xiē kǒnglóng
还有一些恐龙
de zhuǎ zi hěn dùn jī běn
的爪子很钝，基本
shang méi yǒu shén me zuò yòng
上没有什么作用。

líng dào lóng de zhuǎ zi
伶盗龙的爪子

líng dào lóng de qián zhī shang zhǎng yǒu wān qū de
伶盗龙的前肢上长有弯曲的
zhuǎ zi yǒu sān gè zhuǎ zhǐ qí zhōng dì yī zhǐ
爪子，有三个爪指，其中第一指
zuì duǎn dì èr zhǐ zuì cháng líng dào lóng de qián
最短，第二指最长。伶盗龙的前
zhuǎ fēi cháng líng huó kě yǐ hěn róng yì de zuò chū
爪非常灵活，可以很容易地做出
zhuā wò de dòngzuò
抓握的动作。

líng dào lóng
◀ 伶盗龙

kǒng lóng de yǎn jīng
恐龙的眼睛

zài dòng wù de shēngmìngzhōng yǎn jīng de zuò yòng bù kě xiǎo qiáo xiāng duì yú páng dà de kǒng
在动物的生命中，眼睛的作用不可小瞧。相对于庞大的恐
lóng jiā zú yǎn jīng yě shì kǒng lóng xīn líng de chuāng hù jiē shòu zhe lái zì wài jiè de gè zhǒng xìn
龙家族，眼睛也是恐龙心灵的窗户，接受着来自外界的各种信
xī yī qǐ qù kàn kàn bā
息，一起去看看吧！

yǎn jīng yǔ huà shí
眼睛与化石

dào mù qián wéi zhǐ rén lèi hái méi yǒu fā xiàn kǒng lóng yǎn jīng de huà shí shuō bái le zhè
到目前为止，人类还没有发现恐龙眼睛的化石。说白了，这
shì yīn wèi yǎn jīng shì shī ruǎn de yī dàn kǒng lóng sǐ wáng nà me yǎn jīng hěn kuài jiù huì fǔ làn
是因为眼睛是湿软的，一旦恐龙死亡，那么眼睛很快就会腐烂，
huò zhě bèi qí tā dòng wù chī diào
或者被其他动物吃掉。

ròu shí xìng kǒng lóng de yǎn jīng
肉食性恐龙的眼睛

hé niǎo lèi xiāng sì
和鸟类相似

kē xué jiā cāi xiǎng kǒng lóng de
科学家猜想，恐龙的
yǎn jīng lèi sì yú niǎo lèi de yǎn jīng ér
眼睛类似于鸟类的眼睛，而
qiě yǎn jīng de dà xiǎo jué dìng kǒng lóng shì
且眼睛的大小决定恐龙视
lì de hǎo huài rú guǒ kǒng lóng de yǎn
力的好坏。如果恐龙的眼
jīng dà dà de ér qiě wèi zhì jí zhōng
睛大大的，而且位置集中，
nà tā men de shì lì yī dìng yě bù lài
那它们的视力一定也不赖。

shì lì kě bù tóng
视力可不同

yī bān lái shuō ròu shí xìngkǒnglóng de shì lì yào bǐ zhí shí xìngkǒnglóng de hǎo yī xiē yīn wèi tā men de yǎn jīng yàonéngkuài sù fā xiàn mù biāo dà zhì pànduànwèi zhì zhèyàng cái néng bǔ dào shí wù yào shì zài wǎnshang bǔ shí de duì tā men de shì lì yāo qiú jiù gènggāo lā

一般来说，肉食性恐龙的视力要比植食性恐龙的好一些，因为它们的眼睛要能快速发现目标，大致判断位置，这样才能捕到食物。要是在晚上捕食的，对它们的视力要求就更高啦！

shāng chǐ lóng de yǎn jīng
伤齿龙的眼睛

shāng chǐ lóng de dà yǎn jīng
伤齿龙的大眼睛

zài kǒnglóng jiā zú shāng chǐ lóng kě yǐ shuō shì yōngyǒu zuì dà nǎo dài de kǒnglóng zhī yī tā jiù zhǎngzhe yī shuāng bǐ jiào dà de yǎn jīng shèn zhì néng zài àn dàn de guāngxiànzhōngkàn de shí fēn qīng chǔ zhè yě wèi tā bǔ shí tí gōng le fāngbiàn

在恐龙家族，伤齿龙可以说是拥有最大脑袋的恐龙之一。它就长着一双比较大的眼睛，甚至能在暗淡的光线中看得十分清楚，这也为它捕食提供了方便。

kǒnglóngzhōng de jìn shì yǎn
恐龙中的“近视眼”

zài ròu shí kǒnglóngzhōng ér miáolóng kǒngzhuǎlóng hé zhǎizhuǎlóng shì lì zuì hǎo shēn qū páng dà de xī jiǎo lèi kǒnglóng shì lì bǐ yā zuǐ lóng hái yào chà jiàn lóng hé jiǎ lóng de shì lì gèngchà shì kǒnglóng jiā zú de jìn shì yǎn

在肉食恐龙中，鸸鹋龙、恐爪龙和窄爪龙视力最好。身躯庞大的蜥脚类恐龙，视力比鸭嘴龙还要差。剑龙和甲龙的视力更差，是恐龙家族的“近视眼”。

ér miáolóng
▶ 鸸鹋龙

kǒng lóng de yá chǐ
恐龙的牙齿

yá chǐ shì bāng zhù xiāo huà de qì guān kǒng lóng de yá chǐ gè bù xiāng tóng zhè hé tā men de shēng huó xí xìng yǒu guān yī bān lái shuō ròu shí xìng kǒng lóng de yá chǐ bǐ cǎo shí xìng kǒng lóng de yá chǐ yào fēng lì
牙齿是帮助消化的器官。恐龙的牙齿各不相同，这和它们的生活习性有关。一般来说，肉食性恐龙的牙齿比草食性恐龙的牙齿要锋利。

yīn shí ér yì
因食而异

cǎo shí xìng kǒng lóng de yá chǐ xíng zhuàng hé suǒ chī de shí wù yǒu guān lì rú chī sū tiě zōng lǘ zhēn yè shù děng yìng yè hé guǒ shí de kǒng lóng tā de yá chǐ chéng cū mù dīng xíng ér chī kāi huā zhí wù de ruǎn yè hé guǒ shí de kǒng lóng tā de yá chǐ shì chéng báo yè xíng
草食性恐龙的牙齿形状和所吃的食物有关。例如，吃苏铁、棕榈、针叶树等硬叶和果实的恐龙，它的牙齿呈粗木钉形，而吃开花植物的软叶和果实的恐龙，它的牙齿是呈薄叶形。

zěn yàng huàn yá
怎样换牙

kǒng lóng huàn bù huàn yá ne huàn tā men yī shēng dōu zài bù duàn huàn yá zhè shì yīn wèi kǒng lóng měi yī pái yá chǐ de xià mian dōu yǒu shù pái yá chǐ zhè shì yá chǐ de tì bǔ yě jiù shì shuō yī dàn yǒu yá chǐ mó sǔn huài le huò duàn le xīn de yá chǐ jiù huì mǎ shàng bǔ shàng lái
恐龙换不换牙呢？换。它们一生都在不断换牙。这是因为恐龙每一排牙齿的下面都有数排牙齿，这是牙齿的“替补”。也就是说，一旦有牙齿磨损坏了或断了，新的牙齿就会马上补上来。

kǒng lóng yá chǐ
▲ 恐龙牙齿

牙齿之最

鸭嘴龙的牙齿呈细小的叶状，不过它的数量特别多，达好几百颗，还有的有2000颗。这些牙齿排成许多行，能把粗糙的食物磨烂。这也让鸭嘴龙的胃口很好，能吃许许多多种食物。

霸王龙的牙齿

说到最可怕的牙齿，当数霸王龙的了。它的牙齿形状像匕首，最大的牙足有20厘米长。可以想象，要是哪种动物被霸王龙咬住，瞬间就被它撕碎了。

小知识

每种恐龙的口中只有一种形状的牙齿。

无牙齿的恐龙

并不是所有的恐龙，都长有牙齿。例如，似驼龙类的恐龙就没有牙齿，可它们却有坚硬的角质喙以及特殊的消化器官。

▶ 霸王龙

wèi shí hé fèn huà shí
胃石和粪化石

wèi shí shì shén me ne yuán lái wèi le bāng zhù mó suì shí wù děng mù dì kǒng lóng wǎng wǎng
胃石是什么呢？原来，为了帮助磨碎食物等目的，恐龙往往
huì tūn xià shí tou zài kǒng lóng zhōng niǎo tún lèi hé xī jiǎo lèi kǒng lóng de wèi shí fā xiàn de zuì duō
会吞下石头。在恐龙中，鸟臀类和蜥脚类恐龙的胃石发现得最多。
chú cǐ zhī wài hái yǒu yī zhǒng fèn huà shí jiē xià lái jiù ràng wǒ men yī qǐ qù kàn kàn
除此之外，还有一种粪化石。接下来，就让我们一起去看看。

kǒng lóng wèi shí
▲ 恐龙胃石

ài chī shí tou
爱吃石头

yǒu xiē cǎo shí xìng kǒng lóng zài chī dōng xi shí huì
有些草食性恐龙在吃东西时，会
jīng cháng bù jǔ jué jiù zhí jiē tūn xià qù nà tā men
经常不咀嚼就直接吞下去，那它们
rú hé xiāo huà zhè xiē zhí wù ne yuán lái kǒng lóng
如何消化这些植物呢？原来，恐龙
men huì tūn yī xiē shí tou dào wèi lǐ zhè xiē shí tou
们会吞一些石头到胃里，这些石头
fù zé bǎ wèi lǐ nà xiē zhí wù mó suì zhè yàng tā
负责把胃里那些植物磨碎，这样它
men cái néng xī shōu qí zhōng de yǎng fèn
们才能吸收其中的养分。

xuǎn zé shí tou
选择石头

bìng bù shì suǒ yǒu shí tou dōu néng chéng wéi wèi shí yī bān lái shuō chī shí tóu de kǒng lóng
并不是所有石头都能成为胃石。一般来说，吃石头的恐龙
huì xuǎn zé nà xiē biǎo miàn guāng huá de shí tou tūn xià qù yīn wèi zhè yàng de shí tou bù huì shāng hài
会选择那些表面光滑的石头吞下去，因为这样的石头不会伤害
dào wèi ér dāng wèi shí biàn xiǎo hòu kǒng lóng jiù huì bǎ tā men tǔ chū lái zài huàn chéng jiào dà
到胃。而当胃石变小后，恐龙就会把它们吐出来，再换成较大
de wèi shí
的胃石。

▲ 恐龙的胃石

胃里的石子

在多数草食恐龙的胃中，存有几十颗石头，大小不一，小的有鸡蛋一般大，大的像拳头一样。科学家曾在一条地震龙的肋骨间，竟然找到 230 颗胃石，真是骇人听闻。

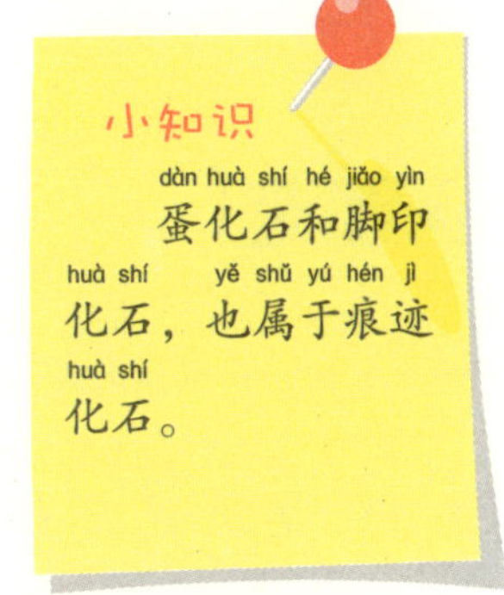

小知识

蛋化石和脚印化石，也属于痕迹化石。

痕迹化石

现在，恐龙已经灭绝了，可我们怎么知道恐龙是靠什么生存的呢？其实，知道恐龙吃什么不难，这些都是要靠化石来给我们提供信息的，这就是痕迹化石。比如粪化石，它就属于一种痕迹化石。

▲ 恐龙粪化石

常见粪化石

通过研究粪化石，可以知道恐龙的食物种类和食量大小。最常见的粪化石是草食性恐龙的粪化石，这是因为它们的粪便比较坚硬。一看粪化石，就能知道恐龙的喜好。

kǒng lóng de pí fū
恐龙的皮肤

kǒng lóng yǒu hòu hòu de pí fū bǎo hù zhe kě pí fū bù xiàng gǔ gé néng wán zhěng de bǎo liú xià lái bù guò ne kǒng lóng què liú xià le pí fū yìn hén huà shí tōng guò zhè xiē huà shí wǒ men hái shì zhǎng wò le yǒu guān kǒng lóng pí fū de xìn xī

恐龙有厚厚的皮肤保护着，可皮肤不像骨骼，能完整地保留下来。不过呢，恐龙却留下了皮肤印痕化石，通过这些化石，我们还是掌握了有关恐龙皮肤的信息。

pí fū de zuò yòng
皮肤的作用

kǒng lóng de pí fū hé wǒ men rén lèi dà tóng xiǎo yì shǒu xiān shì lái bǎo hù shēn tǐ nèi bù de róu ruǎn zǔ zhī zài jiù shì fáng zhǐ shuǐ fèn zhēng fā tiáo jié tǐ nèi de wēn dù bù tóng de kǒng lóng pí fū de zuò yòng yě yǒu chā yì yě kě yǐ gēn jù pí fū de yán sè lái pàn duàn kǒng lóng de xióng cí

恐龙的皮肤和我们人类大同小异，首先是来保护身体内部的柔软组织，再就是防止水分蒸发，调节体内的温度。不同的恐龙，皮肤的作用也有差异。也可以根据皮肤的颜色来判断恐龙的雄雌。

kǒng lóng de shēn tǐ yán sè fēng fù duō biàn
▼恐龙的身体颜色丰富多变

小知识

kǒng lóng pí fū de yán sè huì suí zhe nián líng de zēng zhǎng ér gǎi biàn

恐龙皮肤的颜色会随着年龄的增长而改变。

yuán xī guān è sè
▼ 原蜥冠鳄色
cǎi yàn lì de pí fū
彩艳丽的皮肤

lín zhì pí fū
鳞质皮肤

yǒu xiē kǒnglóng de pí fū shangzhǎngzhe hòu
有些恐龙的皮肤上长着厚
hòu de cū cāo de lín jiǎ yǒu xiē shì xì xiǎo
厚的粗糙的鳞甲，有些是细小
de lín piàn hái yǒu yī xiē kǒnglóng de pí fū lèi sì měizhōu
的鳞片。还有一些恐龙的皮肤类似美洲
de hóngbān dú shé sè cǎi yàn lì zhǔ yào shì wèi le xià
的红斑毒蛇，色彩艳丽，主要是为了吓
hu yī xiē ròu shí dòng wù
唬一些肉食动物。

yā zuǐ lóng de pí fū
鸭嘴龙的皮肤

yā zuǐ lóng de pí fū shì yóu yī kē kē wǔ jiǎo xíng de jiǎo zhì xiǎo lín piànxiāngqiàn ér chéng lín
鸭嘴龙的皮肤是由一颗颗五角形的角质小鳞片镶嵌而成，鳞
piàn de zhōng xīn bù wèi lüè lüè tū qǐ zhèzhǒng lín piàn zài shēn tǐ de bù tóng bù wèi dà xiǎo shì bù tóng
片的中心部位略略突起，这种鳞片在身体的不同部位大小是不同
de zhè shì cóngměi guó fā xiàn de yā zuǐ lóng mù nǎi yī huà shíshang fā xiàn de
的。这是从美国发现的鸭嘴龙木乃伊化石上发现的。

jiǎ lóng de pí fū
甲龙的皮肤

jiǎ lóng de pí fū hěn tè bié tā men
甲龙的皮肤很特别，它们
shēn pī jiānyìng de jiǎo zhì jiǎ bǎn jiǎ bǎnshang
身披坚硬的角质甲板，甲板上
zhǎngyǒu dà de liú huò cì yī yàng de tū qǐ
长有大的瘤或刺一样的突起，
jiù xiàng gǔ dài wǔ shì de kǎi jiǎ kě yǐ xiǎng
就像古代武士的铠甲。可以想
xiàng zhèyàng de pí fū jiù lián zuì lì hai de
象，这样的皮肤就连最厉害的
bà wánglóng yě nán yǐ yǎochuān
霸王龙也难以咬穿。

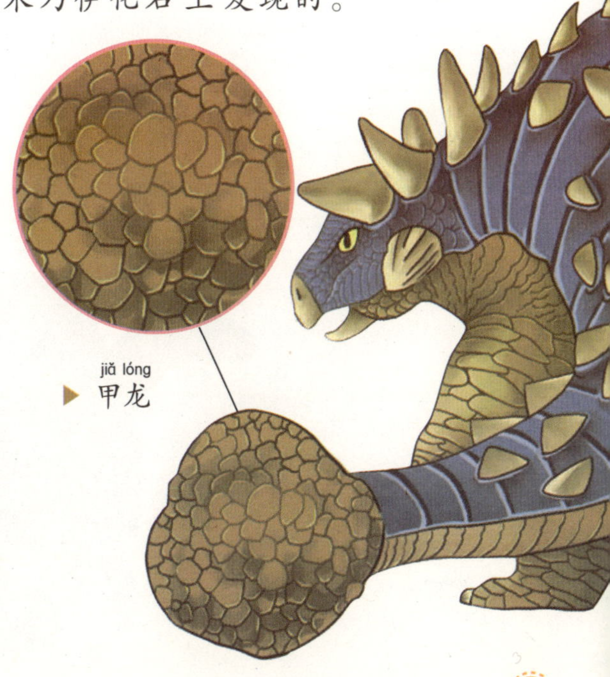

jiǎ lóng
▶ 甲龙

lěng xuè hái shì rè xuè
冷血还是热血

xiàn zài de pá xíng dòng wù dōu shì lěng xuè dòng wù nà me shǐ qián pá xíng dòng wù kǒng lóng ne gēn jù gǔ shēng wù xué jiā tuī cè kǒng lóng suī shì pá xíng dòng wù de qīn qī kě tā men kě néng yǒu lěng xuè de yě yǒu wēn xuè de

现在的爬行动物都是冷血动物，那么史前爬行动物——恐龙呢？根据古生物学家推测，恐龙虽是爬行动物的亲戚，可它们可能有冷血的，也有温血的。

lěng xuè dòng wù 冷血动物

lěng xuè dòng wù de tǐ wēn huì suí zhōu wéi wēn dù de biàn huà ér fā shēng gǎi biàn tiān lěng de shí hòu tā men de tǐ wēn yě huì biàn dī zhè yàng kě yǐ jiǎn shǎo yòng yú kàng hán suǒ sǔn shī de rè liàng xiāng fǎn tiān rè de shí hòu tā men de tǐ wēn yě gēn zhe shēng gāo

冷血动物的体温会随周围温度的变化而发生改变，天冷的时候，它们的体温也会变低，这样可以减少用于抗寒所损失的热量。相反，天热的时候，它们的体温也跟着升高。

wēn xuè dòng wù 温血动物

wēn xuè dòng wù de shēn tǐ huì chǎn shēng rè liàng wēn xuè dòng wù de tǐ wēn bù suí wài jiè wēn dù ér gǎi biàn néng gòu yī kào zì shēn tiáo jié bǎo chí héng dìng de tǐ wēn tā men tōng cháng xū yào gé rè cuò shī yī xiē dòng wù tōng guò yǔ máo huò máo fà lái bǎo chí tǐ wēn

温血动物的身体会产生热量。温血动物的体温不随外界温度而改变，能够依靠自身调节，保持恒定的体温。它们通常需要隔热措施，一些动物通过羽毛或毛发来保持体温。

shā mò xíng zǒu de chā lóng
沙漠行走的叉龙

小知识

xíng dòng mǐn jié de xiǎo xíng kǒng lóng huò xǔ shì wēn xuè dòng wù

行动敏捷的小型恐龙或许是温血动物。

xiǎn zhù biàn huà de kǒnglóng
显著变化的恐龙

zài zhū luó jì shí qī dāng shí de kǒnglóng kāi shǐ yǒu xǔ duō biàn huà gǔ shēng wù xué jiā rèn wéi dà duō shù kǒnglóng shì lěng xuè de yě yǒu yī bù fen kǒnglóng shì wēn xiě de zhè shì yīn wèi yǒu xiē kǒng lóng de shēnshang yǒu nóng mì de yǔ máo yǐ cǐ tiáo jié tǐ wēn

在侏罗纪时期，当时的恐龙开始有许多变化。古生物学家认为，大多数恐龙是冷血的，也有一部分恐龙是温血的。这是因为，有些恐龙的身上有浓密的羽毛，以此调节体温。

nǐ niǎolóng
▲ 拟鸟龙

jiàn lóng
剑龙

jiàn lóng
▲ 剑龙

jiàn lóng kě néng shì lěng xuè dòng wù tā bèi bù shang de nà xiē sān jiǎo xíng gǔ bǎn zǎoshang xī shōu tài yáng de rè liàng děng tiān rè de shí hòu yòu néng bǎ rè liàng sàn fā chū lái zhè jiù xiàng xiàn zài de kōngtiáo bāngzhù jiàn lóng tiáo jié tǐ wēn

剑龙可能是冷血动物，它背部上的那些三角形骨板早上吸收太阳的热量，等天热的时候，又能把热量散发出来。这就像现在的“空调”，帮助剑龙调节体温。

pá xíngdòng wù
爬行动物

pá xíngdòng wù yī bān shǔ yú lěng xuè dòng wù lì rú wū guī è yú hé shé kǒnglóng yě shǔ yú pá xíng dòng wù yī bān lái shuō dà xíng kǒnglóng yào xiǎng shì fàng tǐ nèi de rè liàng jiù xiǎn de shí fēn bènzhuō

爬行动物一般属于冷血动物，例如乌龟、鳄鱼和蛇。恐龙也属于爬行动物。一般来说，大型恐龙要想释放体内的热量，就显得十分笨拙。

tuǐ hé wěi ba
腿和尾巴

yǔ qí tā shǐ qián pá xíng dòng wù xiāng bǐ kǒng lóng yǒu gèng cháng gèng cū de tuǐ zhè ràng tā
与其他史前爬行动物相比，恐龙有更长更粗的腿。这让它
men néng kuài sù bēn pǎo yǒu zú yǐ huò dé gèng duō shí wù de jī huì cǐ wài tā men de wěi
们能快速奔跑，有足以获得更多食物的机会。此外，它们的尾
ba yě shì zhòng yào de qì guān bù guāng néng bāng zhù tā men píng héng shēn tǐ yǒu shí hòu yě shì yī
巴也是重要的器官，不光能帮助它们平衡身体，有时候也是一
zhǒng duì fù lái fàn zhě de wǔ qì
种对付来犯者的武器。

kǒng lóng de xíng zǒu
恐龙的行走

kǒng lóng shì sì zú xíng zǒu de yùn dòng zī tài hé jīn tiān de niú mǎ dà xiàng děng bǔ rǔ
恐龙是四足行走的，运动姿态和今天的牛、马、大象等哺乳
dòng wù xiāng sì ér liǎng zú de kǒng lóng zǒu lù hé xiàn zài de tuó niǎo xiāng sì
动物相似，而两足的恐龙走路和现在的鸵鸟相似。

liǎng zú xíng zǒu de kǒng lóng
▼ 两足行走的恐龙

小知识

zài shòu jiǎo lèi kǒng lóng zhōng pǎo de kuài de shì nà xiē xiǎo xíng chéng yuán rú xùn měng lóng kǒng zhuǎ lóng
在兽脚类恐龙中，跑得快的是那些小型成员，如迅猛龙、恐爪龙。

yóu yǒng zāo xí jī de kǒnglóng
▲ 游泳遭袭击的恐龙

kǒnglóng yě yóuyǒng
恐龙也游泳

nǐ zhī dào ma kǒnglóng yě huì yóuyǒng yóu
你知道吗？恐龙也会游泳。游
yǒng shí tā men yòng qián jiǎo tà zhe hé dǐ mài zhe bù
泳时，它们用前脚踏着河底迈着步
zi xiàng qián xíng jìn yòng hòu jiǎo lái tī shuǐ yào diào
子向前行进，用后脚来踢水。要调
zhuǎn fāng xiàng shí tā huì sì jiǎo zháo dì yǒu qù
转方向时，它会四脚着地，有趣
ba zài měi guó céng fā xiàn guò yī zǔ huà shí jiù
吧。在美国曾发现过一组化石，就
shì kǒnglóng yóuyǒng shí liú xià de
是恐龙游泳时留下的。

bāo tóu lóng de wěi ba
包头龙的尾巴

zài bāo tóu lóng de wěi ba shang yǒu gè wěi chuí zhè gè wěi chuí xíng zhuàng shì liǎng gè yuán qiú lián
在包头龙的尾巴上有个尾锤。这个尾锤形状是两个圆球，连
zài xiàng mù gùn yī yàng de wěi ba shang wěi chuí jiù zài wěi ba de mò duān kě bié xiǎo kàn le tā
在像木棍一样的尾巴上。尾锤就在尾巴的末端。可别小看了它，
tā kě shì bāo tóu lóng de zì wèi wǔ qì duō cì jī dǎo le xǔ duō bǐ bāo tóu lóng dà de ròu shí xìng
它可是包头龙的自卫武器，多次击倒了许多比包头龙大的肉食性
kǒnglóng
恐龙。

tuó jiānglóng
▶ 沱江龙

dài cì de wěi ba
带刺的尾巴

tuó jiānglóng de wěi ba yě shì duì fù dí rén de zài tā de wěi ba mò duān zhǎng zhe sì gēn xì
沱江龙的尾巴也是对付敌人的。在它的尾巴末端长着四根细
cháng de gǔ cì zhè xiē gǔ cì hái shì chéng duì de dāng dí rén lái xí jī tuó jiānglóng shí tā huì
长的骨刺，这些骨刺还是成对的。当敌人来袭击沱江龙时，它会
dāi zài yuán dì děng dài shí jī zhǎo zhǔn jī huì tā jiù huì yòng zhè tiáo dài cì de wěi ba chōu dǎ lái fàn zhě
待在原地等待时机，找准机会它就会用这条带刺的尾巴抽打来犯者。

shēn tǐ nèi bù
身体内部

hé wǒ men rén lèi yī yàng kǒng lóng yě shì yóu wài bù pí fū hé nèi bù qì guān zǔ chéng de
和我们人类一样，恐龙也是由外部皮肤和内部器官组成的。
bǐ rú tā men yě yǒu yī gè gōng gěi quán shēn xuè yè de dà xīn zāng hái yǒu gǔ gé wèi
比如，它们也有一个供给全身血液的大心脏，还有骨骼、胃、
xuè guǎn děng qí tā qì guān yǔ cǐ xiāng sì kǒng lóng yě hé wǒ men yī yàng yǒu gè zhǒng shēng huó xí
血管等其他器官。与此相似，恐龙也和我们一样有各种生活习
xìng bāo kuò lā shǐ fàng pì děng
性，包括拉屎、放屁等。

gǔ gé huà shí
骨骼化石

tōng guò huà shí yě jiù shì měi zhǒng
通过化石，也就是每种
kǒng lóng liú xià de gǔ gé huà shí jiā shàng
恐龙留下的骨骼化石，加上
qí tā yí jì gǔ shēng wù xué jiā cái gěi wǒ
其他遗迹，古生物学家才给我
men shè xiǎng chū le kǒng lóng de yàng zi bāo kuò
们设想出了恐龙的样子，包括
tā men dāng shí de shēng huó zhuàng tài
它们当时的生活状态。

yá chǐ hé zhuǎ zi
牙齿和爪子

yá chǐ hé zhuǎ zi yě shì bǐ jiào róng
牙齿和爪子，也是比较容
yì bǎo cún de shù yì nián guò qù le kě zhè
易保存的。数亿年过去了，可这
xiē bǎo cún wán hǎo de yá chǐ zài cì gào sù wǒ
些保存完好的牙齿，再次告诉我
men dāng shí de kǒng lóng shì zěn me jìn shí de tā
们当时的恐龙是怎么进食的。它
men de zú yìn yě xiàng wǒ men zhǎn shì le kǒng lóng
们的足印也向我们展示了恐龙
zhuǎ de xíng zhuàng
爪的形状。

kǒng lóng gǔ jià
▶ 恐龙骨架

小知识

kǒng lóng gǔ jià zhǔ yào yòng lái zhī chēng jī ròu bǎo hù dà nǎo xīn fèi děng
恐龙骨架主要用来支撑肌肉，保护大脑、心、肺等。

wànlóng de shēn tǐ nèi bù
腕龙的身体内部

wànlóng kě yǐ xiàng qǐ zhòng jī yī yàngshēncháng
腕龙可以像起重机一样伸长
bó zi gǔ shēng wù xué jiā tuī cè wànlóng bù huì
脖子。古生物学家推测，腕龙不会
ràngnǎo dài tái de tài jiǔ fǒu zé xuè yè shūsòng huì yì cháng
让脑袋抬得太久，否则血液输送会异常
kùn nán chú fēi tā yǒu yī gè jù dà qiángjiàn de xīn zàng
困难，除非它有一个巨大、强健的心脏，
chí xù bù duàn de sòngdào nǎo bù
持续不断地送到脑部。

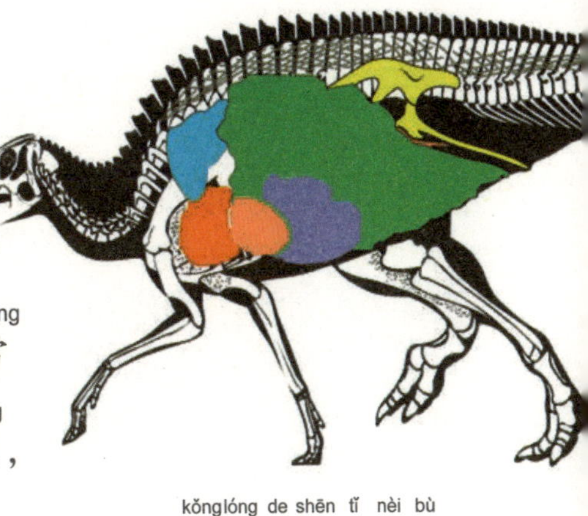

kǒnglóng de shēn tǐ nèi bù
▲ 恐龙的身体内部
nèi zāng jié gòu
内脏结构

kǒnglóngfàng pì
恐龙放屁

duì cǎo shí xìngkǒnglóng lái shuō fàng
对草食性恐龙来说，放
pì shì chángyǒu de shì zhè shì yīn wèi
屁是常有的事。这是因为，
tā men měi tiān dōu chī gè bù tíng zhè me
它们每天都吃个不停，这么
duōdōng xi rú hé xiāo huà hǎo miǎn bù liǎo
多东西如何消化好，免不了
chǎnshēng xǔ duō qì tǐ ér zhè xiē qì tǐ
产生许多气体。而这些气体
yào pái chū tǐ wài jiù chǎnshēng le pì
要排出体外，就产生了屁。

kǒnglóng lā shǐ
恐龙拉屎

gǔ shēng wù xué jiā fā xiàn kǒnglóng de fèn
古生物学家发现，恐龙的粪
biàn hé niǎo lèi xiāng sì dōu shì cóngtóng yī gè dì
便和鸟类相似，都是从同一个地
fang pái chū de tā men de xíngzhuàng gè yì yǒu
方排出的。它们的形状各异，有
de shì qiú xíng de yǒu de lián
的是球形的，有的连
chéng yī chuàn děngděng
成一串，等等。

kǒnglóng de shēn tǐ nèi bù
▲ 恐龙的身体内部

kǒng lóng de shēng yīn
恐龙的声音

在6500万年前，恐龙就已经灭亡了。可我们怎么知道恐龙的叫声呢？在电影中，电影导演们通过精心制作，就变成可怕的恐龙声音了。那么真正的恐龙声音是什么样的呢？让我们去看看吧！

像狮子一样

肉食性恐龙可能会发出空叫声，像现在的狮子一样。响声可以传到很远的地方。肉食性恐龙在遇到猎物或与同伴打架时，都可能发出这种声音。

◀霸王龙用吼声威慑翼龙

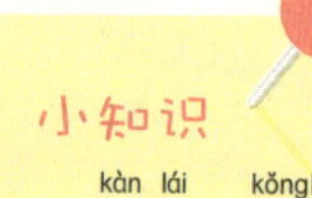

小知识

看来，恐龙的声音真是千奇百怪啊！

jiàoshēng zhī zuì
叫声之最

qí shí yǒu xiē kǒnglóng de jiàoshēng hěn dà zhǔ yào shì wèi le xià dǎo duì fāng zhàn qǔ yǒu
其实，有些恐龙的叫声很大，主要是为了吓倒对方，占取有
lì dì wèi zài suǒ yǒu kǒnglóng zhōng jiàoshēng zuì dà de yào shǔ yā zuǐ lóng tā men yǒu shí hòu huì
利地位。在所有恐龙中，叫声最大的要数鸭嘴龙。它们有时候会
dī hǒu huò páo xiào yǒu shí hái néng fā chū mōumōu de jiàoshēng
低吼或咆哮，有时还能发出哞哞的叫声。

fù lóng zhì lóng
▲副龙栉龙

měimiào de shēng yīn
美妙的声音

fù lóng zhì lóng huì chàng gē bù xìn bā tā de ròu guān hěn qí tè yóu yī xiē xì guǎn zǔ chéng suǒ yǐ fù lóng zhì lóng néng fā chū hěn měimiào de shēng yīn ér qiě hái huì gēn jù gè zhǒng qíngkuàng fā chū bù tóng de shēng yīn dāng tā yòng lì chuǎn xī shí huì fā chū lèi sì jūn hào huò cháng jiǎo hào de shēng yīn
副龙栉龙会唱歌？不信吧。它的肉冠很奇特，由一些细管组成。所以，副龙栉龙能发出很美妙的声音，而且还会根据各种情况发出不同的声音。当它用力喘息时，会发出类似军号或长角号的声音。

āi dé méng tuō lóng de jiàoshēng
埃德蒙托龙的叫声

suǒ yǒu dòng wù zài què dìng fāng wèi rèn chū huǒ bàn huò fā chū jǐng bào dōu huì fā chū jiàoshēng
所有动物在确定方位、认出伙伴或发出警报，都会发出叫声。
āi dé méng tuō lóng de jù tóu wài bāo zhe yī céng ruǎn pí ruǎn pí lǐ chōngmǎn le kōng qì néng tōng guò
埃德蒙托龙的巨头外包着一层软皮，软皮里充满了空气，能通过
zhèndòng fā chū shēng yīn tā de shēng yīn bǐ tōng guò yīn dài fā shēng de wā lèi yào dà de duō shēng
振动发出声音。它的声音比通过音带发声的蛙类要大得多，声
yīn yě hěn xiǎngliàng
音也很响亮。

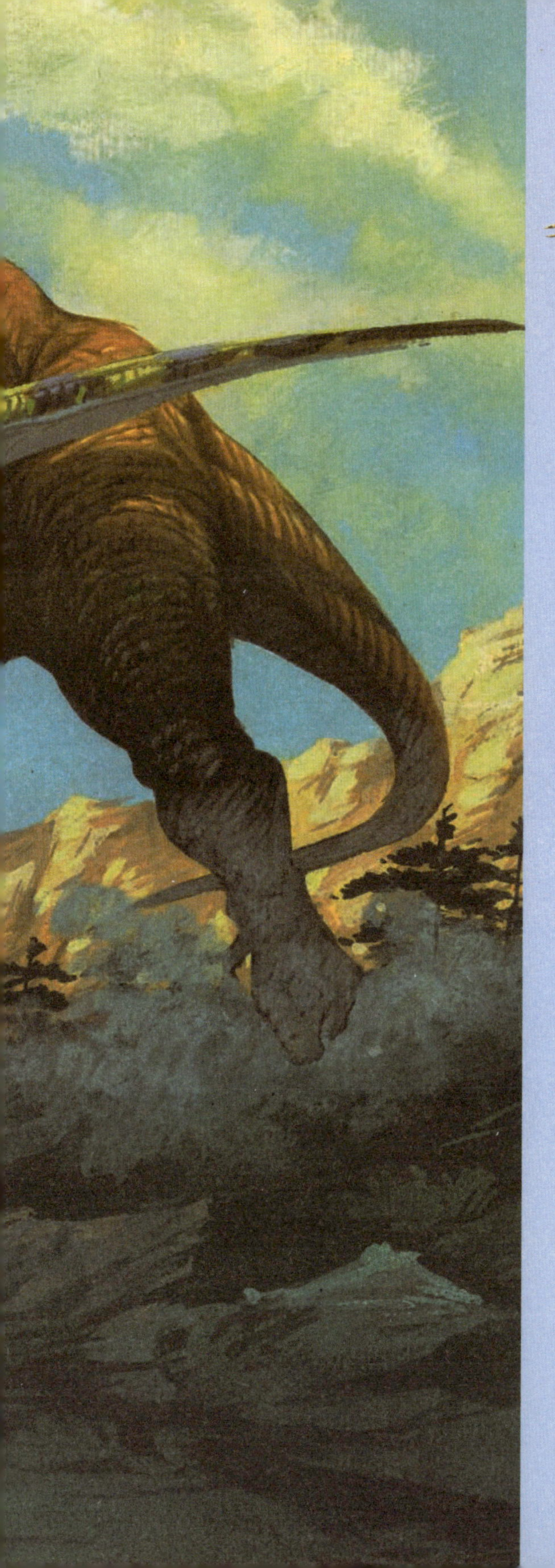

走进恐龙生活

作为史前最突出的恐龙，想必生活一定丰富多彩吧？其实，恐龙和地球上所有动物一样，也有不同的种类、不同的生活方式，例如有吃荤的、有吃素的。还有的恐龙会定期迁徙，有的相互会用“语言”交流。最为重要的是，几乎所有的恐龙都有独特的防御能力，以此来顽强生存，值得钦佩哦！

sù shí kǒng lóng
素食恐龙

zài páng dà de kǒng lóng jiā zú lǐ kě yǐ shuō dà bù fen kǒng lóng dōu shì zhí shí xìng kǒng lóng gù míng sī yì tā men jiù shì sù shí kǒng lóng yǐ zhí wù wéi shēng zài nà gè shí dài hái méi yǒu cǎo dàn yǒu gè zhǒng gè yàng de shù yè guǒ shí hé shù gēn zhèng shì zhè xiē zhí wù wéi xì zhe tā men de shēngmìng

在庞大的恐龙家族里，可以说大部分恐龙都是植食性恐龙。顾名思义，它们就是素食恐龙，以植物为生。在那个时代还没有草，但有各种各样的树叶、果实和树根，正是这些植物维系着它们的生命。

kǒnglóng de fēn lèi
恐龙的分类

kǒnglóng zuì chū dōu shì chī ròu de hòu lái pò yú huánjìng biàn huà dà bù fen chī ròu de kǒng lóng jiàn jiàn gǎi chī zhí wù mànmàn de kǒnglóng jiù yǒu le zhí shí xìngkǒnglóng hé ròu shí xìngkǒnglóng zhè yǐ hòu shuāngfāng yòu àn bù tóng de shè shí fāng shì fēn wéi dà dà xiǎo xiǎo xíng tài gè yì de lèi xíng

恐龙最初都是吃肉的，后来迫于环境变化，大部分吃肉的恐龙渐渐改吃植物。慢慢地，恐龙就有了植食性恐龙和肉食性恐龙。这以后，双 方又按不同的摄食方式分为大大小小、形态各异的类型。

zhí shí xìngkǒnglóng
▼植食性恐龙

小知识

zài liǎng sān yì nián qián dì qiú shang de lù shēng jué lèi zhí wù fā zhǎn fēi cháng xùn sù

在两三亿年前，地球上的陆生蕨类植物发展非常迅速。

cháng bó zi de kǒnglóng
长脖子的恐龙

yǒu xiē zhí shí xìngkǒnglóngzhǎngzhechángcháng
有些植食性恐龙长着长长
de bó zi tā mennénggòu cǎi zhāi dào gāo chù de
的脖子，它们能够采摘到高处的
zhí wù yīn wèi bó zi duǎn de kǒnglóng zhǐ néng chī
植物。因为脖子短的恐龙只能吃
jǐn āi dì miàn de bó zi cháng de jiù kě yǐ gòu
紧挨地面的，脖子长的就可以够
de gènggāo
得更高。

cháng bó zi wànlóng
▲ 长脖子腕龙

bǎnlóng
▲ 板龙

kǒnglóng de zuì ài
恐龙的最爱

suō luó shù yòu jiào shù jué jué shù shì
桫椤树又叫树蕨、蕨树，是
yī zhǒng xǐ huangāowēngāo shī de mù běn jué lèi zhí
一种喜欢高温高湿的木本蕨类植
wù zhí zhū kě yǐ gāo dá mǐ jiǎn zhí shì
物，植株可以高达10米，简直是
jué lèi wángguó de jù rén suī shuōsuō luó shēn qū
蕨类王国的巨人。虽说桫椤身躯
gāo dà kě tā yī rán shì bó jǐng xì cháng de kǒng
高大，可它依然是脖颈细长的恐
lóng de měi shí yóu qí shì é méilóng
龙的美食，尤其是峨眉龙。

zuì zǎo de sù shí kǒnglóng
最早的素食恐龙

bǎnlóng de tóu gǔ hěn jiē shi dàn shì yǔ zhè me dà de shēn tǐ xiāng bǐ què
板龙的头骨很结实，但是与这么大的身体相比却
xiǎn de hěn xiǎo tā de zuǐ yě hěn xiǎo hé gǔ shangzhǎngyǒu xǔ duō shù yè zhuàng
显得很小。它的嘴也很小，颌骨上长有许多树叶状
de xiǎo yá chǐ zhè xiē yá chǐ yòu biǎn yòu píng zhǐ shì biānyuányǒu yī xiē xiǎo jù
的小牙齿，这些牙齿又扁又平，只是边缘有一些小锯
chǐ kě yǐ hěn hǎo de yòng lái sī yǎo zhí wù
齿，可以很好地用来撕咬植物。

ròu shí kǒng lóng
肉食恐龙

zài kǒng lóng jiā zú zhōng zuì wéi xiōng cán de jiù shì ròu shí kǒng lóng
在恐龙家族中，最为凶残的就是肉食恐龙
le tā men yǒu jiào dà de tóu shì hòu zhī yǒu lì ér qián zhī hěn duǎn
了。它们有较大的头，是后肢有力而前肢很短
de dà xíng kǒng lóng yòu lóng yǐ xī yì wā lèi huò qí tā chà bù duō dà xiǎo de dòng wù wéi shí
的大型恐龙。幼龙以蜥蜴、蛙类或其他差不多大小的动物为食，
ér chéngnián ròu shí kǒng lóng zé bǔ shí qí tā kǒng lóng
而成年肉食恐龙则捕食其他恐龙。

shuígèngcōngmíng
谁更聪明

kě yǐ shuō ròu shí xìngkǒnglóng bǐ cǎo shí xìngkǒnglóng yàocōngmíng shǒuxiān lái shuō zhǐ yǒu
可以说，肉食性恐龙比草食性恐龙要聪明。首先来说，只有
yǒu le mǐn ruì de gǎnguān gèng jiā mǐn jié de fǎn yìng cái néngràng tā cǎi qǔ xíngdòng kuài sù bǔ
有了敏锐的感官、更加敏捷的反应，才能让它采取行动，快速捕
huò liè wù yě bāo kuò cǎo shí xìngkǒnglóng
获猎物，也包括草食性恐龙。

bà wánglóng bǔ shí
▼霸王龙捕食

小知识

ròu shí xìngkǒnglóng kào hòu zhī xíng zǒu yóu yú fù hè páng dà yīn cǐ xíngdòng qǐ lái bǐ jiào màn
肉食性恐龙靠后肢行走，由于负荷庞大，因此行动起来比较慢。

zuì dà de ròu shí kǒnglóng
最大的肉食恐龙

zài ā gēn tíng jìng nèi gǔ shēng wù xué jiā fā jué chū yī zhǒng tǐ xíng dà yú bào lóng de ròu shí
在阿根廷境内，古生物学家发掘出一种体型大于暴龙的肉食
kǒnglóng tóu gǔ jù chēng zhèzhǒng xīn fā xiàn de wù zhǒng shì qì jīn wéi zhǐ céng zài dì qiú shang zuì
恐龙头骨。据称，这种新发现的物种是迄今为止曾在地球上最
dà de ròu shí dòng wù gāi kǒnglóng shēnghuó zài dà yuē yì niánqián shēn tǐ quáncháng mǐ duō
大的肉食动物。该恐龙生活在大约1亿年前，身体全长12.5米多，
shì zuì dà de kǒnglóng zhī yī
是最大的恐龙之一。

fēng lì de zhuǎ zi hé yá chǐ shì ròu shí kǒng lóngshēngcún de jī běn bǎozhèng
▲ 锋利的爪子和牙齿是肉食恐龙生存的基本保证

bǔ zhuōkǒnglóng
捕捉恐龙

ròu shí xìngkǒnglóng yàoxiǎngzhuāzhù cǎo shí xìngkǒng
肉食性恐龙要想抓住草食性恐
lóng bìng bù shì yī jiàn yì shì yīn wèi zài cǎo shí
龙，并不是一件易事。因为在草食
xìngkǒnglóngzhōng yě yǒu zì jǐ de fáng wèi wǔ qì
性恐龙中，也有自己的防卫武器，
shèn zhì hái yǒu de huì yòng zì jǐ páng dà de shēn qū
甚至还有的会用自己庞大的身躯，
qū gǎn nà xiē ròu shí xìngkǒnglóng dà kuài tou
驱赶那些肉食性恐龙大块头。

ròu shí xìngkǒng lóng jìn shí
▶ 肉食性恐龙进食

bǔ shā fāng shì
捕杀方式

ròu shí xìngkǒnglóng zhǔ yào yǐ qí tā kǒnglóng wéi shí
肉食性恐龙主要以其他恐龙为食，
yǒu shí yě chī dòng wù shī tǐ zài yù dào liè wù shí tā
有时也吃动物尸体。在遇到猎物时，它
men kě néng shì xiānyòngyǒu lì zhuǎ de hòu zhī bǔ shā liè wù
们可能是先用有利爪的后肢捕杀猎物，
rán hòu zài jiè zhù lì yá hé qián zhī lì zhuǎ de bāngzhù bǎ
然后再借助利牙和前肢利爪的帮助，把
liè wù de ròu sī chě xià lái chī hǎo hǎo de měi cān yī dùn
猎物的肉撕扯下来吃，好好地美餐一顿。

kǒng lóng de sù dù 恐龙的速度

zài kǒnglóng dà jiā zú zhōng, yě yǒu xǔ duō sù dù zhī wáng, bǐ rú tuó niǎo lóng děng, yě yǒu sù dù màn de màn lóng. dāng rán, zhè hé tā men shēn tǐ de jié gòu yǒu hěn dà guān xì. jiē xià lái, jiù ràng wǒ men yī qǐ qù kàn kàn

在恐龙大家族中，也有许多速度之王，比如鸵鸟龙等，也有速度慢的慢龙。当然，这和它们身体的结构有很大关系。接下来，就让我们一起去看看。

bēn pǎo jiàn jiàng 奔跑健将

sì niǎo lóng suàn de shang bēn pǎo jiàn jiàng le. tā shēn tǐ gāo dà, shēn tǐ qīngyíng, qián zhī xiān xì, hòu zhī yòu cháng yòu shòu, yīn wèi zhè zhǒng tè shū de shēn tǐ jié gòu, ràng tā néng kuài sù bēn pǎo, kě yǐ duǒ bì dí rén de zhuī bǔ.

似乌龙算得上奔跑健将了。它身体高大，身体轻盈，前肢纤细，后肢又长又瘦，因为这种特殊的身体结构，让它能快速奔跑，可以躲避敌人的追捕。

gāo sù bǔ shí zhě 高速捕食者

kē xué jiā gū cè, shí ròu niú lóng bǔ shí shí de sù dù kě yǐ dá dào 55 qiān mǐ / xiǎo shí, zhè gè sù dù chēng de shang shì gāo sù bǔ shí zhě, yǒu rén jiāng qí xíng xiàng de bǐ yù wéi kǒnglóng bǔ shí zhě zhōng de "duǎnpǎo jiànjiàng". jiù cǐ tuī duàn, shí ròu niú lóng huò xǔ shì kǒnglóng shì jiè zhōng zuì kuài de bǔ shí zhě.

科学家估测，食肉牛龙捕食时的速度可以达到55千米/小时，这个速度称得上是高速捕食者，有人将其形象的比喻为恐龙捕食者中的“短跑健将”。就此推断，食肉牛龙或许是恐龙世界中最快的捕食者。

sì niǎolóng 似乌龙

shí ròu niú lóng 食肉牛龙

霸王龙的速度

在经典科幻电影《侏罗纪公园》中，体重6吨的霸王龙跑得比顶级 SUV 还快。据科学家预测，霸王龙的奔跑速度不超过30千米/小时。

霸王龙

最快的恐龙

古生物学家推测，美领龙是跑得最快的恐龙。它大小跟猫差不多，是一种光滑的、像蜥蜴一样的恐龙，生活在大约1.5亿年前，仅重3千克，跑完100米只需要6秒。

慢腾腾走路

慢龙是一种非常奇特的两足行走的恐龙。它不像其他恐龙那样快速奔跑和捕食，而是轻快地行走，有时候慢跑。多数情况下，它是懒洋洋地缓慢踱步，所以叫慢龙。

慢龙

小知识

慢龙身长约6米，头比起身子来显得很小。

kǒng lóng de qiān xǐ 恐龙的迁徙

qiū tiān lái le xǔ duō niǎo dōu fēi wǎng le nán fāng kāi shǐ tā men de qiān xǐ zhī lǚ
秋天来了，许多鸟都飞往了南方，开始它们的迁徙之旅。nà me zài páng dà de kǒng lóng jiā zú yǒu méi yǒu qiān xǐ ne wèi le shēng cún xǔ duō kǒng lóng yě bù lì wài tā men yě huì qiān xǐ jiē xià lái jiù ràng wǒ men qù kàn kàn tā men de qiān xǐ zhī lù bā
那么，在庞大的恐龙家族，有没有迁徙呢？为了生存，许多恐龙也不例外，它们也会迁徙。接下来，就让我们去看看它们的迁徙之路吧！

qiān xǐ gāo dì 迁徙高地

tōng guò duì xī jiǎo lèi kǒng lóng yá chǐ huà shí fēn xī fā xiàn zhè zhǒng kǒng lóng hěn kě néng huì jìn xíng jì jié xìng qiān xǐ tā men jīng cháng dào gǔ dì féi wò de chōng jī píng yuán zhōng mì shí dàn dāng gǔ dì zāo shòu jì jié xìng gān hàn shí jiù qiān xǐ dào gāo dì děng hàn jì guò hòu zài huí dào gǔ dì
通过对蜥脚类恐龙牙齿化石分析，发现这种恐龙很可能会进行季节性迁徙。它们经常到谷地肥沃的冲积平原中觅食，但当谷地遭受季节性干旱时，就迁徙到高地，等旱季过后再回到谷地。

hú biān jù jí de kǒng lóng
▼湖边聚集的恐龙

小知识

qiān xǐ shì kǒng lóng de shēng huó xí xìng suǒ jué dìng de yě shì kǒng lóng yìng duì zì rán de xuǎn zé
迁徙是恐龙的生活习性所决定的。也是恐龙应对自然的选择。

jiān nán qiān xǐ lù
艰难迁徙路

jiān jiǎo lóng shǔ yú qún jū dòng wù tā men de xíng dòng hé jīn tiān de fēi zhōu jiǎo mǎ xiāng sì tā men yě huì suí zhe jì jié chéng qún de qiān xǐ zài qiān xǐ guò chéng zhōng zhè qún jiān jiǎo lóng yě huì zāo yù wēi xiǎn bǐ rú zài héng dù fàn làn de hóng shuǐ hé liú shí bèi hóng shuǐ tūn mò fù chū zì jǐ de shēng mìng

尖角龙属于群居动物，它们的行动和今天的非洲角马相似，它们也会随着季节成群地迁徙。在迁徙过程中，这群尖角龙也会遭遇危险，比如在横渡泛滥的洪水河流时，被洪水吞没，付出自己的生命。

kǒng lóng dà qiān xǐ
▲ 恐龙大迁徙

léi lóng
▲ 雷龙

huà shí zhēn xiàng
化石真相

zài jiā ná dà ài bó tǎ shěng de hóng lù hé gǔ rén men céng jīng fā xiàn guò shù bǎi jù jiān jiǎo lóng huà shí gǔ shēng wù xué jiā cāi cè zhè pī jiān jiǎo lóng kě néng shì zài qiān xǐ zhōng jí tǐ dù hé shí sǐ wáng de

在加拿大艾伯塔省的红鹿河谷，人们曾经发现过数百具尖角龙化石。古生物学家猜测，这批尖角龙可能是在迁徙中，集体渡河时死亡的。

léi lóng hé qiān xǐ
雷龙和迁徙

léi lóng yě jiào mí huò lóng shǔ yú zhí shí xìng kǒng lóng tā shì kǒng lóng zhōng de dà kuài tóu yóu yú shēn tǐ suǒ xū xū yào bù duàn de tūn shí zhí wù léi lóng shǔ yú qún jū dòng wù kě yǐ xiǎng xiàng yī qún léi lóng chū mò jǐ tiān jiù néng bǎ yī gè sēn lín xiāo miè diào zěn me bàn ne tā men zhǐ yǒu qiān wǎng zhí wù fēng shèng de dì fang

雷龙也叫迷惑龙，属于植食性恐龙。它是恐龙中的大块头，由于身体所需，需要不断地吞食植物。雷龙属于群居动物，可以想象一群雷龙出没，几天就能把一个森林消灭掉。怎么办呢？它们只有迁往植物丰盛的地方。

shēngbìng de kǒng lóng
生病的恐龙

wǒ men cóng xiǎo dào dà dōu huì shēngbìng nà páng dà de kǒng lóng shì bù shì yě yī yàng ne
我们从小到大都会生病，那庞大的恐龙是不是也一样呢？

dāng rán kǒng lóng yě hé wǒ men yī yàng yǒu shēng lǎo bìng sǐ gǔ shēng wù xué jiā fā xiàn kǒng lóng zài shì shí yě jīng cháng shēng bìng yǒu shí bìng qíng yán zhòng néng sòng diào zì jǐ de xìng mìng
当然。恐龙也和我们一样，有生老病死。古生物学家发现，恐龙在世时，也经常生病。有时病情严重，能送掉自己的性命。

bìngqíng duōyàng
病情多样

bié yǐ wéi kǒng lóng hěn lì hài qí shí yě huì shòu dào jí bìng de kùn rǎo yán jiū kǒng lóng huà shí fā xiàn kǒng lóng céng huàn yǒu gǔ mó yán guān jié yán de hén jì
别以为恐龙很厉害，其实也会受到疾病的困扰。研究恐龙化石发现，恐龙曾患有骨膜炎、关节炎的痕迹。

gǔ kē bìng
骨科病

yán jiū rén yuán zài mǎ mén xī lóng shēn shang fā xiàn tā de jǐng zhuī jǐ zhuī hé wěi zhuī děng bù tóng bù wèi de gǔ tou shang zhǎng le xǔ duō liú zhuàng wù hé jié hé
研究人员在马门溪龙身上，发现它的颈椎、脊椎和尾椎等不同部位的骨头上，长了许多瘤状物和结核。

shēngbìng de bà wánglóng
▼生病的霸王龙

小知识

qiān xǐ kě yǐ mǎn zú dòng wù zài tè dìng de shēng huó shí qī suǒ xū yào de huán jìng tiáo jiàn
迁徙可以满足动物在特定的生活时期所需要的环境条件。

恐龙也得癌症

▲埃德蒙托龙

埃德蒙托龙是目前唯一被发现患有恶性肿瘤（癌症）的恐龙。它的骨骼中的肿瘤多是血管外皮细胞瘤，形状与人类的非常相似。至于患病的原因，现在还无法确定。

真菌疾病

最近，我国科学家通过对恐龙蛋壳内微米尺度大小的真菌化石进行研究，认为白垩纪末期的恐龙及它们所下的恐龙蛋，可能是感染了真菌疾病，导致恐龙蛋不能正常孵化，而造成了物种灭绝。

其他疾病

恐龙得的许多疾病不会留下痕迹，只有少数疾病留在骨骼和蛋上，以化石的方式保存了下来。还有许多疾病，是我们无法得知的，知道的也很少。

▶ 生病的恐龙只能等待死亡的降临

kǒng lóng de shòu mìng
恐龙的寿命

yī zhí yǐ lái rén men dōu rèn wéi kǒng lóng shì yī zhǒng cháng shòu de dòng wù yīn wèi pá xíng dòng wù de shòu mìng dōu bǐ jiào cháng suǒ yǐ zuò wéi pá xíng dòng wù de kǒng lóng yě yīng gāi shì lǎo shòu xīng jiē xià lái wǒ men jiù qù kàn kàn bā
一直以来，人们都认为恐龙是一种长寿的动物。因为爬行动物的寿命都比较长，所以作为爬行动物的恐龙也应该是“老寿星”？接下来，我们就去看看吧！

píng jūn sǐ wáng nián líng
平均死亡年龄

kǒng lóng shì bù shì yě xiàng pá xíng dòng wù yī yàng fēi cháng cháng shòu ne yī xiē gǔ shēng wù xué jiā zài duì kǒng lóng de gǔ gé jìn xíng yán jiū shí fā xiàn tā men de píng jūn sǐ wáng nián líng wéi suì zuǒ yòu kě yòu yǒu zhèng jù biǎo míng tā men bìng bù shì zì rán sǐ wáng
恐龙是不是也像爬行动物一样，非常长寿呢？一些古生物学家在对恐龙的骨骼进行研究时，发现它们的平均死亡年龄为120岁左右。可又有证据表明，它们并不是自然死亡。

huó dào suì
活到200岁

gēn jù kǒng lóng sǐ yú fēi mìng huò zhě shuō kǒng lóng bù shì zì rán sǐ wáng de gēn jù kě yǐ tuī lǐ kǒng lóng de shòu mìng jué bù zhǐ suì yǒu xiē gǔ shēng wù xué jiā tuī cè kǒng lóng zhì shǎo kě yǐ huó dào suì
根据恐龙死于非命，或者说恐龙不是自然死亡的根据。可以推理，恐龙的寿命绝不止120岁。有些古生物学家推测，恐龙至少可以活到200岁。

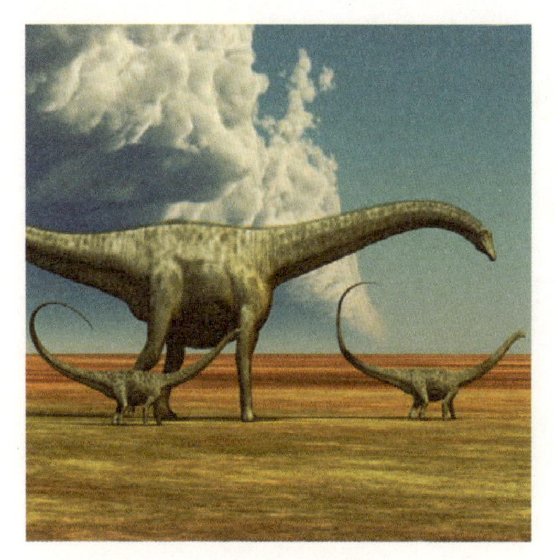

páng dà de liánglóng
▲ 庞大的梁龙

shòumìng bù jūn
寿命不均

kǒnglóng de shòumìng hé tā suǒ shǔ de zhǒng
恐龙的寿命和它所属的种
lèi yǒuguān yǒu de kǒnglóngnénghuó suì ér
类有关，有的恐龙能活75岁，而
yǒu xiē zhǒng lèi de kǒnglóngnénghuó suì sù
有些种类的恐龙能活300岁。素
shí lóng kě néng bǐ ròu shí lóngmìnggèngcháng dà
食龙可能比肉食龙命更长，大
xíngkǒnglóng kě néng bǐ xiǎoxíngkǒnglóngshòumìnggèng
型恐龙可能比小型恐龙寿命更
cháng páng dà de liánglóng léi lóng dà gài néng
长，庞大的梁龙、雷龙大概能
huó dàoliǎng bǎi suì yǐ shàng
活到两百岁以上。

shòumìngjiàocháng de kǒnglóng
寿命较长的恐龙

gǔ shēng wù xué jiā tuī cè zài kǒnglóng shì jiè lǐ shòumìngjiàocháng de chéngyuán yīng shì nà
古生物学家推测，在恐龙世界里寿命较长的成员，应是那
xiē dà xíng de chī zhí wù de kǒnglóng dàn xū yào zhǐ chū de shì yóu yú kǒnglóng fā yù sù dù bǐ
些大型的吃植物的恐龙。但需要指出的是，由于恐龙发育速度比
jiào kuài shì zǎo shú de dòng wù yīn cǐ xiāngduì ér yán tā men de shòumìng kě néng yě cháng bù liǎo
较快，是早熟的动物，因此相对而言，它们的寿命可能也长不了。

dà xíng zhí shí kǒnglóng
▼ 大型植食恐龙

小知识

cí mǔ lóngnéng huó dào
慈母龙能活到
suì ā pǔ tǔ
25~35岁，阿普吐
lóng néng huó dào
龙能活到 40~50
suì
岁。

kǒng lóng de yùn dòng
恐龙的运动

duì yú dòng wù lái shuō měi tiān dōu yǒu gè zì de huó dòng dāng rán le duì yú páng dà
对于动物来说，每天都有各自的活动。当然了，对于庞大
de kǒng lóng jiā zú lái shuō tā men měi tiān dōu zài gàn shén me ne jiē xià lái wǒ men jiù qù
的恐龙家族来说，它们每天都在干什么呢？接下来，我们就去
kàn kàn kǒng lóng shì jiè fēng fù duō cǎi de shēng huó
看看恐龙世界丰富多彩的生活。

bái tiān mì shí
白天觅食

kǒng lóng zhǒng lèi páng dà yào jiě jué de shǒu yào wèn tí jiù shì shí wù suǒ
恐龙种类庞大，要解决的首要问题就是食物。所
yǐ kǒng lóng men bái tiān dà dōu zài xún zhǎo shí wù suī rán nà shí hòu zhí wù mào
以，恐龙们白天大都在寻找食物。虽然那时候植物茂
shèng kě duì yú zhí shí xìng kǒng lóng lái shuō yào xiǎng tián bǎo dù zi bìng bù shì
盛，可对于植食性恐龙来说，要想填饱肚子，并不是
yī jiàn róng yì de shì yào shì yī chù dì fang zhí wù biàn shǎo tā men yě huì qiān xǐ
一件容易的事。要是一处地方植物变少，它们也会迁徙。

jiàn lóng
◀ 剑龙
mì shí
觅食

yī qǐ yóu wán
一起游玩

chī wán fàn kǒng lóng gàn shén me ne qí shí tā
吃完饭，恐龙干什么呢？其实，它
men yě huì xiū xī yī xià yǒu xiē xiǎo kǒng lóng huì hé zì jǐ
们也会休息一下。有些小恐龙会和自己
de xiǎo huǒ bàn xī xì wán shuǎ chéng nián de kǒng lóng yǒu shí huì
的小伙伴嬉戏玩耍，成年的恐龙有时会
zài yī qǐ liáo tiān huò zhě dú zì sàn bù yōu xián de
在一起“聊天”，或者独自散步，悠闲地
sàn bù fàng sōng yī xià zhēn shì ràng rén xiàn mù ā
散步放松一下，真是让人羡慕啊！

小知识

kǒng lóng huì suí zhe huán jìng de gǎi biàn ér gǎi biàn zhēn shì cōngmíng
恐龙会随着环境的改变而改变，真是聪明。

liàn xí bǔ liè 练习捕猎

chī bǎo hē zú hòu zhí shí xìngkǒnglóng huì liàn xí táo mìng ér ròu shí xìngkǒnglóng zé yào liàn xí rú hé bǔ liè zhè xiē kě shì shēngcún de běn lǐng bù kě diào yǐ qīng xīn
吃饱喝足后，植食性恐龙会练习逃命，而肉食性恐龙则要练习如何捕猎。这些可是生存的本领，不可掉以轻心。

dú tè de qún jū shēnghuó 独特的群居生活

hěn duōkǒnglóng dōu shì qún jū de qí gēn běn mù de hé bǔ shí fāng shì yǒuguān zhí shí xìng kǒnglóngchéngqún de shēnghuó zài yì qǐ gēn běn mù dì shì fáng zhǐ dí rén lái fàn ér yì xiē ròu shí xìngkǒnglóng ne tā menchéngqún jié duì de zài yì qǐ zhǔ yào shì wèi le gòngtóng bǔ liè
很多恐龙都是群居的，其根本目的和捕食方式有关。植食性恐龙成群地生活在一起，根本目的是防止敌人来犯。而一些肉食性恐龙呢，它们成群结队地在一起，主要是为了共同捕猎。

yì qún sān jiǎo lóngtuán jié dǐ kàng bà wánglóng de gōng jī
▼ 一群三角龙团结抵抗霸王龙的攻击

kǒng lóng de yǔ yán
恐龙的“语言”

zài páng dà de kǒng lóng jiā zú xiāng hù zhī jiān yòu shì rú hé jiāo liú de ne bǐ rú
在庞大的恐龙家族，相互之间又是如何交流的呢？比如，
zài wéi gōng yī tóu dà de liè wù shí shì shuí zuì xiān fā chū mìng lìng de ne qí shí kǒng lóng
在围攻一头大的猎物时，是谁最先发出命令的呢？其实，恐龙
jiā zú yě yǒu zì jǐ de yǔ yán zhèng shì yǒu le nèi bù de xìn xī jiāo liú ràng tā men
家族也有自己的“语言”。正是有了内部的信息交流，让它们
néng gòu yī zhì xíng dòng
能够一致行动。

tè bié de shēng yīn
特别的声音

liáng lóng shì yǒu míng de dà kuài tóu tā néng fā chū yī xì liè yǔ zhòng bù tóng de shēng yīn kě bié xiǎo kàn le zhè xiē shēng yīn tā kě shì liáng lóng gè zì de lián xì fāng shì bù guò ne zhè xiē shēng yīn hěn tè bié néng bèi zì jǐ de tóng bàn gǎn jué dào
梁龙是有名的大块头，它能发出一系列与众不同的声音。可别小看了这些声音，它可是梁龙各自的联系方式。不过呢，这些声音很特别，能被自己的同伴感觉到。

dì miàn chuán bō
地面传播

yīn wèi zhè xiē shēng yīn shì tōng guò dì miàn chuán bō de liáng lóng kě yǐ tōng guò zì jǐ de jiǎo lái gǎn jué xiāng hù fā chū de xìn xī zhè yàng jí shǐ xiāng gé hěn yuǎn de dì fang liáng lóng hé tā de tóng bàn yě néng gǎn jué dào lì hai bā
因为这些声音是通过地面传播的。梁龙可以通过自己的脚来感觉相互发出的信息。这样，即使相隔很远的地方，梁龙和它的同伴也能感觉到，厉害吧。

liáng lóng yī jiā
▼梁龙一家

小知识

yā zuǐ kǒng lóng tōng guò tóu guān fā chū bù tóng de shēng yīn yòng yǐ xiāng hù jiān gōu tōng jiāo liú
鸭嘴恐龙通过头冠发出不同的声音，用以相互间沟通、交流。

分工合作

对于棱齿龙来说，最重要的就是分工合作了。因为它们总感觉不到安全，尤其是在赶路的时候，相互之间会各司其职，哪些盯着两边，哪些盯着前后，这样在发现危险的时候及时逃脱。

棱齿龙

好妈妈的慈母龙

慈母龙的孩子快要破壳而出时，慈母龙们都会站在窝边耐心等候，好像提前说好了似的。其中，有些年轻力壮的雌慈母龙会在旁边警戒，直到小恐龙顺利出世。

“领袖”选举

成年的肿头龙会像现在的雄羚羊一样，彼此之间要靠头来碰撞，这也是一种特殊的语言。胜利者可以在群体中保持较高的社会地位，成为群体领袖。

肿头龙

kǒng lóng de zì wèi
恐龙的自卫

miàn duì ròu shí xìng kǒng lóng lái xí zhí shí xìng kǒng lóng zěn me bàn ne tā men huì shù shǒu
面对肉食性恐龙来袭，植食性恐龙怎么办呢？它们会束手
jiù qín qīng yì bǔ huò ma dāng rán bù huì zhí shí xìng kǒng lóng dōu huì cǎi qǔ zì jǐ tè yǒu
就擒，轻易捕获吗？当然不会，植食性恐龙都会采取自己特有
de zì wèi shǒuduàn yǔ tā men jìn xíng shū sǐ bó dòu
的自卫手段，与它们进行殊死搏斗。

āi dé méngdùn jiǎ lóng
埃德蒙顿甲龙

āi dé méngdùn jiǎ lóng bǐ xiàn zài de xī
埃德蒙顿甲龙比现在的犀
niú hái yào dà zài tā yù dào dí rén shí
牛还要大。在它遇到敌人时，
bù huì yī wèi de duǒ shǎn ér shì wǎng qián
不会一味地躲闪，而是往前
chōng měng de xiàng lái xí jī tā de ròu shí
冲，猛地向来袭击它的肉食
xìng kǒng lóng yí dòng bìng yòng shēn tǐ liǎng cè jí
性恐龙移动，并用身体两侧及
jiān shang de gǔ dīng qù cì xí jī zhě
肩上的骨钉去刺袭击者。

háoyǒnglóng
豪勇龙

háoyǒnglóng měi zhī zhuǎ shang dōu yǒu cháng mǔ
豪勇龙每只爪上都有长拇
zhǐ dīng zhǐ shì lüè xiǎo zài yǒu ròu shí xìng
指钉，只是略小。在有肉食性
kǒnglóng lái fàn shí tā men jiù huì bǎ zì jǐ
恐龙来犯时，它们就会把自己
de mǔ zhǐ dīngdàngzuò wǔ qì cì shāng jìn gōng
的拇指钉当做武器，刺伤进攻
zhě jiù xiàng bǐ shǒu yī yàngfēng lì wú bǐ
者，就像匕首一样锋利无比。

jiǎ lóng
▼甲龙

páng dà de fù lóng zhì lóng
▲ 庞大的副龙栉龙

fù lóng zhì lóng
副龙栉龙

fù lóng zhì lóng yōng yǒu páng dà de shēn qū zài yù dào lái fàn zhě shí wèi le bǎo hù zì jǐ tā men huì xuǎn zé chéng qún de shēng huó zài yī qǐ yī kào dà dà de yǎn jīng mǐn ruì de tīng jué hé xiù jué lái fā xiàn qián fú zài zhōu wéi de ròu shí xìng kǒng lóng

副龙栉龙拥有庞大的身躯。在遇到来犯者时，为了保护自己，它们会选择成群地生活在一起，依靠大大的眼睛、敏锐的听觉和嗅觉来发现潜伏在周围的肉食性恐龙。

yǒu shí tā men yě huì yòng zì jǐ de tóu guān fā chū shēng yīn xiàng tóng lèi qiú jiù huò tí gōng jǐng bào

有时，它们也会用自己的头冠发出声音，向同类求救或提供警报。

liáng lóng
梁龙

liáng lóng shì xíng dòng chí huǎn de cǎo shí xìng kǒng lóng yào shì yǒu dí rén lái xí tā huì yòng zì jǐ de wěi ba biān dǎ dí rén xià tuì lái fàn zhě lìng wài tā de qián zhī nèi cè de zhuǎ zi yě shì zuì hǎo de zì wèi wǔ qì

梁龙是行动迟缓的草食性恐龙，要是有敌人来袭，它会用自己的尾巴鞭打敌人，吓退来犯者。另外，它的前肢内侧的爪子，也是最好的自卫武器。

liáng lóng
▼ 梁龙

小知识

sān jiǎo lóng tóu shang de sān zhī jiǎo yě shì yòng lái zì wèi de

三角龙头上的三只角也是用来自卫的。

kǒng lóng zhī zuì
恐龙之最

kǒnglóng zǎo yǐ miè jué kě tā céng jīng shì dì qiú shang zuì měi de yí dào fēng jǐng rú jīn
恐龙早已灭绝，可它曾经是地球上最美的一道风景。如今
yí qiè dōu bù cún zài le bù guò wǒ men réng néng cóng yì xiē huà shí zhōng zhǎo dào tā men zhōng
一切都不存在了，不过，我们仍能从一些化石中，找到它们中
de yì xiē wáng zhě jiē xià lái jiù ràng wǒ men qù kàn kàn bā
的一些“王者”。接下来，就让我们去看看吧！

zuì cōngmíng de kǒnglóng
最聪明的恐龙

tū chǐ lóng chēng de shang zuì cōngmíng de kǒnglóng le tā nǎoliàng dà nǎoliàng shānggāo yòng
秃齿龙，称得上最聪明的恐龙了。它脑量大，脑量商高，用
liǎng tiáo tuǐ zǒu lù qián zhī yǒu sān gè shǒu zhǐ qí zhōng mǔ zhǐ kě yòng lái zhuā bǔ shí wù yóu yú
两条腿走路，前肢有三个手指，其中拇指可用来抓捕食物。由于
tā de zhì shānggāo suǒ yǐ fǎn yìng hěn kuài nénggòu zài hēi àn zhōng bǔ zhuōdào fēi guò de qīng tíng
它的智商高，所以反应很快，能够在黑暗中捕捉到飞过的蜻蜓。

mǎ mén xī lóng
▼马门溪龙

bó zi zuì cháng de kǒnglóng
脖子最长的恐龙

bó zi zuì cháng de kǒnglóng shì mǎ mén xī lóng
脖子最长的恐龙是马门溪龙。
tā de shēncháng wéi mǐ qí zhōng mǐ shì tā de bó
它的身长为22米，其中11米是它的脖
zi shì dì qiú shang de bó zi zuì cháng de dòng wù tā de bó zi
子，是地球上的脖子最长的动物。它的脖子
yóu cháng cháng de xiāng hù dié yā zài yì qǐ de jǐng zhuī zhī chēng zhe yīn ér shí fēn jiāngyìng zhuǎn
由长长的、相互迭压在一起的颈椎支撑着，因而十分僵硬，转
dòng qǐ lái shí fēn huǎnmàn
动起来十分缓慢。

niú jiǎo lóng
▲ 牛角龙

tóu zuì dà de kǒnglóng
头最大的恐龙

niú jiǎo lóng shì cǎo shí xìng kǒnglóng tā shì dì qiú shang zhǎng yǒu zuì dà de tóu de lù dì dòng wù tā de tóu dà gài yǒu mǐ cháng yě jiù shì shuō tā de zhěng gè tóu lú bǐ wǒ men yī gè rén hái yào gāo

牛角龙是草食性恐龙，它是地球上长有最大的头的陆地动物。它的头大概有3米长。也就是说，它的整个头颅比我们一个人还要高。

zuì chǒu lòu de kǒnglóng
最丑陋的恐龙

zhǒng tóu lóng shì suǒ yǒu kǒnglóng zhōng zuì nán kàn de tā de nǎo dài hòu hòu de zhōu wéi shì chéng háng chéng liè de xiǎo liú hé xiǎo jí hěn xiàng zhǒng liú yī bān tā de bí zi yě shì bù mǎn liú zhuàng tū qǐ tóu dǐng xíng chéng le yī gè tū chū de yuán dǐng kàn qǐ lái xiàng shì tì guò tóu shì de yì cháng nán kàn

肿头龙是所有恐龙中最难看的。它的脑袋厚厚的，周围是成行成列的小瘤和小棘，很像肿瘤一般。它的鼻子，也是布满瘤状凸起。头顶形成了一个突出的圆顶，看起来像是剃过头似的，异常难看。

zhǒng tóu lóng
▲ 肿头龙

小知识

zuì cháng shòu de kǒng lóng yīng gāi shì mí huò lóng hé wàn lóng

最长寿的恐龙应该是迷惑龙和腕龙。

hǎi yáng jù shòu
海洋巨兽

dāng kǒng lóng zhèng zài lù dì shang shēng huó shí shǐ qián pá xíng dòng wù zhèng zài hǎi lǐ yóu lái yóu qù tā men zhōng yǒu yī xiē jù wú bà xiōng hèng wú bǐ lián lù dì shang de kǒng lóng dōu bù fàng zài yǎn lǐ shèn zhì néng bǎ tā men xiāo miè diào jiē xià lái jiù ràng wǒ men qù kàn kàn tā men de lái lì

当恐龙正在陆地上生活时，史前爬行动物正在海里游来游去。它们中有一些巨无霸，凶横无比，连陆地上的恐龙都不放在眼里，甚至能把它们消灭掉。接下来，就让我们去看看它们的来历！

hǎi yáng bào lóng
海洋暴龙

kē xué jiā zài běi jí nuó wēi fā xiàn le yī zhǒng shēn hǎi guài wù de huà shí shēng huó zài jù jīn yì nián qián de hǎi yáng zhōng kān chēng hǎi yáng bào lóng

科学家在北极挪威发现了一种深海怪物的化石，生活在距今1.5亿年前的海洋中，堪称“海洋暴龙”。

zuì dà hǎi yáng shēng wù
最大海洋生物

hǎi yáng bào lóng jù dà de gǔ jià zhǔ yào bāo kuò bù fen tóu gǔ jī hū wán hǎo wú sǔn de qián zhī hé zhuī gǔ yī gè qí zhuàng zhī jiù yǒu mǐ duō cháng

海洋暴龙巨大的骨架主要包括部分头骨、几乎完好无损的前肢和椎骨。一个鳍状肢就有3米多长。

shàng lóng gǔ jià fù yuán tú
▲ 上龙骨架复原图

小知识

hǎi yáng jù shòu yōng yǒu qiáng yǒu lì de yá chǐ néng qīng ér yì jǔ de xiāo miè diào shé jǐng lóng

“海洋巨兽”拥有强有力的牙齿，能轻而易举地消灭掉蛇颈龙。

wù rèn shé jǐng lóng
误认蛇颈龙

cóng xiàng mào shang kàn hǎi yáng bào lóng què bù xiàng shé jǐng lóng tā de zuǐ lǐ zhǎng mǎn wān dāo zhuàng fēng lì de yá chǐ tā tōng cháng yǐ yú lóng wéi shí ǒu ěr yě huì chī yī xiē yóu yú bù guò ne kě yǐ tuī cè tā xiōng měng wú bǐ nán guài kē xué jiā bǎ tā chēng wéi hǎi yáng bào lóng ne

从相貌上看，“海洋暴龙”却不像蛇颈龙，它的嘴里长满弯刀状锋利的牙齿。它通常以鱼龙为食，偶尔也会吃一些鱿鱼。不过呢，可以推测它凶猛无比，难怪科学家把它称为“海洋暴龙”呢！

hǎi yáng bào lóng shí jì shang shì yī zhǒng shàng lóng tā shì dāng qián fā xiàn de zuì dà de hǎi yáng pá xíng dòng wù

▲海洋暴龙实际上是一种上龙，它是当前发现的最大的海洋爬行动物

yǐ yú lóng wéi shí
以鱼龙为食

cóng xiàng mào shàng kàn hǎi yáng bào lóng què bù xiàng shé jǐng lóng tā de zuǐ lǐ zhǎng mǎn wān dāo zhuàng fēng lì de yá chǐ tā tōng cháng yǐ yú lóng wéi shí ǒu ěr yě huì chī yī xiē yóu yú bù guò ne kě yǐ tuī cè tā xiōng měng wú bǐ nán guài kē xué jiā bǎ tā chēng wéi hǎi yáng bào lóng ne

从相貌上看，“海洋暴龙”却不像蛇颈龙，它的嘴里长满弯刀状锋利的牙齿。它通常以鱼龙为食，偶尔也会吃一些鱿鱼。不过呢，可以推测它凶猛无比，难怪科学家把它称为“海洋暴龙”呢！

gǔ shēng wù mù dì
古生物墓地

fā xiàn hǎi yáng bào lóng de dì fang shì yī gè jiào zuò sī pǐ cì bēi ěr gēn dǎo de xiǎo dǎo jù lí běi jí diǎn dà yuē qiān mǐ zhè piàn xiǎo dǎo shì shì jiè shang hǎi yáng pá xíng dòng wù chén jī wù zuì fēng fù de dì qū zhī yī suǒ yǐ xiàng lái yǒu gǔ shēng wù mù dì zhī chēng

发现“海洋暴龙”的地方，是一个叫做斯匹次卑尔根岛的小岛，距离北极点大约1300千米。这片小岛是世界上海洋爬行动物沉积物最丰富的地区之一，所以向来有“古生物墓地”之称。

kǒng lóng miè jué zhī mí 恐龙灭绝之谜

dà yuē wàn nián qián yì kē xiǎo xíng xīng yì wài de zhuàngshàng dì qiú zàochéng le kǒnglóng de miè jué zhè shì zhòngsuǒ zhōu zhī de shì qíng kě shì qíng guǒ zhēn rú cǐ ma qí shí gǔ shēng wù xué jiā yǒu bù tóng de kàn fǎ zhì jīn guān yú kǒnglóng miè jué de mí tuán hái méi yǒu wán quán jiě kāi

大约6500万年前，一颗小行星意外地撞上地球，造成了恐龙的灭绝。这是众所周知的事情，可事情果真如此吗？其实，古生物学家有不同的看法。至今，关于恐龙灭绝的谜团还没有完全解开。

bù tóng de jiě shì 不同的解释

hái yǒu yī zhǒngshuō fǎ shuōkǒnglóng shì chī le yǒu dú de kāi huā zhí wù zhòng dú sǐ de yě yǒu rénshuō kǒnglóng de miè jué yǔ qì hòu yǒuguān shèn zhì hái yǒu rénshuō shì wài xīng rén dào dì qiú liè shí zàochéng le kǒnglóng de mièwáng

还有一种说法，说恐龙是吃了有毒的开花植物中毒死的。也有人说，恐龙的灭绝与气候有关。甚至还有人说，是外星人到地球猎食，造成了恐龙的灭亡。

zì shēnyuán yīn 自身原因

hái yǒu rén rèn wéi kǒnglóng miè jué shì yóu yú zì shēn de yuán yīn bǐ rú wù zhǒng tuì huà shǐ kǒnglóng dàn yǐ fū huà bù chū xiǎokǒnglóng zhè xiē dàn yuè lái yuèshǎo zì rán fū bù chūgèngduō de kǒnglóng le

还有人认为，恐龙灭绝是由于自身的原因，比如物种退化，使恐龙蛋已孵化不出小恐龙。这些蛋越来越少，自然孵不出更多的恐龙了。

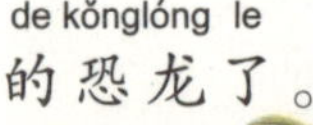

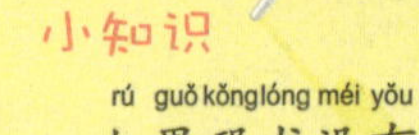

小知识

rú guǒ kǒnglóng méi yǒu miè jué nà me xiàn zài tǒng zhì dì qiú de bù yí dìng shì rén lèi

如果恐龙没有灭绝，那么现在统治地球的不一定是人类。

xiǎoxíngxīngzhuàngdào dì qiú
▲小行星撞到地球

xiǎoxíngxīng lái xí
小行星来袭

xiǎoxíngxīngzhuàngdào dì qiú hòu yǐn qǐ le yí cì
小行星撞到地球后，引起了一次
fēi cháng jù liè de bào zhà yī lián jǐ gè yuè chén tǔ
非常剧烈的爆炸。一连几个月，尘土
zhē zhù le tài yáng xǔ duō zhí wù sǐ diào le yóu yú
遮住了太阳，许多植物死掉了。由于
méi yǒu zhí wù chī xǔ duōkǒnglóngxiāng jì sǐ qù
没有植物吃，许多恐龙相继死去。

fù huókǒnglóng
复活恐龙

jì ránkǒnglóng yǐ jīng miè jué le nà wǒ men jīn tiān shì rú hé kàn dàokǒnglóng de ne qí
既然恐龙已经灭绝了，那我们今天是如何看到恐龙的呢？其
shí xiàn zài wǒ men suǒ kàn dào de kǒnglóng dōu shì rén men de xiǎngxiàng shì rén mengēn jù kǒnglóng huà
实，现在我们所看到的恐龙都是人们的想象，是人们根据恐龙化
shí fēn xī chū de jié guǒ jiē jìn zhēn shí de kǒnglóng méi yǒu shuízhēnzhèngjiàn guòkǒnglóng
石分析出的结果，接近真实的恐龙。没有谁真正见过恐龙。

què záo de zhèng jù
确凿的证据

nián kē xué jiā yì wài de zài mò xī gē yóu kǎ tǎn bàn dǎo de dì xià qiān mǐ shēn
1981年，科学家意外地在墨西哥尤卡坦半岛的地下1千米深
chù fā xiàn le yí gè zhí jìng dá qiān mǐ de yǔn shí
处，发现了一个直径达60千米的陨石
kēng jīng cè dìng zhè gè jù dà yǔn
坑。经测定，这个巨大陨
shí kēngxíngchéng de nián dài yǔ kǒnglóng
石坑形成的年代与恐龙
miè jué de nián dàixiāng fú zhè yě shì
灭绝的年代相符。这也是
yí gè hěn hǎo de zhèngmíng
一个很好的证明。

kǒng lóng de qīn qi
恐龙的亲戚

kǒng lóng shì dì qiú shang qì jīn wéi zhǐ zuì chénggōng de pá xíng dòng wù suī rán tā zài yī chǎng
恐龙是地球上迄今为止最成功的爬行动物。虽然它在一场
jié nàn zhōng lí kāi le dì qiú kě réng rán yǒu xǔ duō qīn qī zài dì qiú shang cún zài bìng yī zhí
劫难中离开了地球，可仍然有许多亲戚在地球上存在，并一直
fán yǎn zhì jīn xiàn zài de xī yì hé shé lèi dōu shì kǒng lóng de jìn qīn jiē xià lái jiù ràng
繁衍至今。现在的蜥蜴和蛇类都是恐龙的近亲。接下来，就让
wǒ men qù kàn kàn bā
我们去看看吧！

kē mó duō lóng
科摩多龙

tā shì dì qiú shang cán cún xià lái de yuǎn gǔ
它是地球上残存下来的远古
pá xíng dòng wù de hòu dài yě shì xiàn dài shēng wù
爬行动物的后代，也是现代生物
zhōng tóng kǒng lóng zuì wéi xiāng sì de pá xíng dòng wù
中同恐龙最为相似的爬行动物。
jù shuō mù qián zài nán tài píng yáng dǎo yǔ shang réng
据说，目前在南太平洋岛屿上仍
yǒu shǎo liàng cún huó de kē mó duō lóng qí zhōng gè
有少量存活的科摩多龙，其中个
tǐ jù dà de shèn zhì néng tūn xià yī tóu zhū
体巨大的甚至能吞下一头猪。

huì tóu xī
喙头蜥

huì tóu xī shēng huó zài xīn xī lán
喙头蜥生活在新西兰
dǎo yǔ shang de gǔ lǎo xī yì tā yǔ
岛屿上的古老蜥蜴，它与
kǒng lóng jī hū tóng shí chū xiàn rán ér
恐龙几乎同时出现。然而，
liǎng yì duō nián guò qù le tā dōu méi yǒu
两亿多年过去了，它都没有
shén me biàn huà hào chēng dòng wù zhōng
什么变化！号称“动物中
de huó huà shí
的活化石”。

kē mó duō lóng
▶ 科摩多龙

guī biē lèi dòng wù

龟鳖类动物

guī biē lèi pá xíng dòng wù tè bié shì guī yě shì kǒng lóng de yuǎn qīn tā men zì cóng sān dié jì kāi shǐ jīng guò le liǎng yì duō nián zhì jīn cháng shèng bù shuāi réng rán chuān zhe hòu hòu de kǎi jiǎ

龟鳖类爬行动物，特别是龟，也是恐龙的远亲。它们自从三叠纪开始，经过了两亿多年，至今长盛不衰，仍然穿着厚厚的铠甲。

jī

鸡

kē xué jiā tōng guò xiáng xì jiǎn cè fā xiàn zhè xiē kǒng lóng dàn bái zhì yǔ bù fen xiàn dài dòng wù de bǐ jiào jié guǒ yǒu sān zhǒng kǒng lóng dàn bái zhì yǔ jī wán quán pǐ pèi zhè shuō míng jī gēn bà wáng lóng de xuè yuán guān xì zuì jìn kě yǐ shuō tā men suàn de shang yī duì biǎo xiōng mèi

科学家通过详细检测，发现这些恐龙蛋白质与部分现代动物的比较，结果有三种恐龙蛋白质与鸡完全匹配。这说明鸡跟霸王龙的血缘关系最近。可以说，它们算得上一对表兄妹。

小知识

zhè xiē pá xíng dòng wù zhī suǒ yǐ néng huó dào xiàn zài kě néng hé tā men néng shì yìng huán jìng yǒu guān

这些爬行动物之所以能活到现在，可能和它们能适应环境有关。

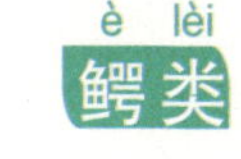

è lèi

鳄类

zài xiàn zài de pá xíng lèi zhōng zhǐ yǒu è lèi yǔ kǒng lóng de qīn yuán guān xì zuì jìn tā yǔ kǒng lóng tóng shí chū xiàn suī shuō zài zhōng shēng dài yuǎn bù rú kǒng lóng dì wèi gāo dàn zài shuǐ zhōng tā men yě hěn lì hai bǐ rú kǒng è dì wáng è děng

在现在的爬行类中，只有鳄类与恐龙的亲缘关系最近。它与恐龙同时出现，虽说在中生代远不如恐龙地位高，但在水中它们也很厉害。比如恐鳄、帝王鳄等。

恐龙写真

在恐龙世界，种类繁多，有成千上百种。恐龙家族分蜥臀目和鸟臀目两类。因为恐龙的骨盆形态有两种：一种很像蜥蜴的骨盆，另一种很像鸟类的骨盆。每种恐龙都有独特的故事，例如霸王龙、异特龙、独角龙等，先是长相各异，再就是身手不凡。有的恐龙有四五层楼那么高，也有小巧玲珑的，像母鸡一般大小。

始盗龙

到目前为止，始盗龙是已发现的最古老的恐龙。它是兽脚类恐龙的祖先，个头很小。不过呢，与同时期的其他陆生动物相比，始盗龙要厉害得多，这也是它独特的生存优势。

发现始盗龙

1993年，始盗龙发现于南美洲阿根廷西北部一处不毛之地，有一个神秘的名字——月谷。在这里，古生物学家发现了许多珍贵的恐龙化石，其中，始盗龙的骨骼化石最为久远。

爱吃肉的家伙

从始盗龙那锯齿状的牙齿来看，它属于肉食恐龙。它拥有善于捕抓猎物的双手，有能力捕捉体型差不多大小的猎物。

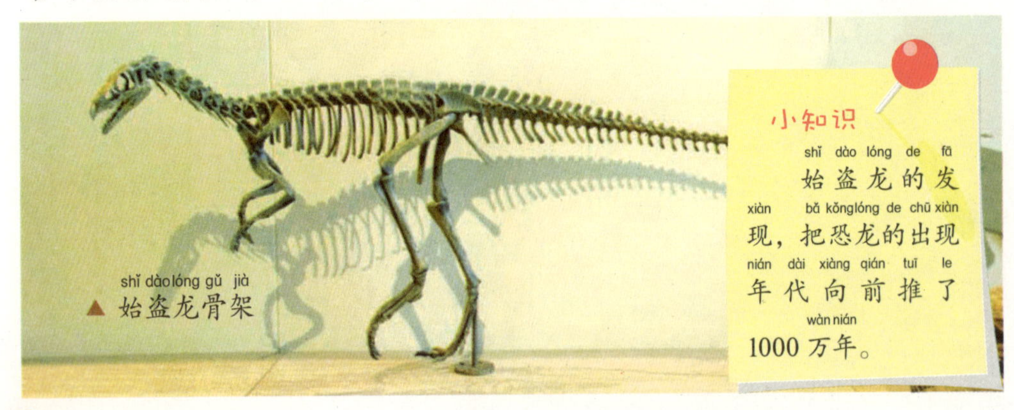
▲ 始盗龙骨架

小知识

始盗龙的发现，把恐龙的出现年代向前推了1000万年。

jí sù liè shā
急速猎杀

gǔ shēng wù xué jiā rèn wéi cóng shǐ dào lóng nà qīng yíng jiǎo jiàn de shēn xíng jiù bù nán xiǎng xiàng
古生物学家认为，从始盗龙那轻盈矫健的身形就不难想象
dào tā néng gòu jìn xíng jí sù liè shā suǒ yǐ shuō tā de shí pǔ kěn dìng bù jǐn jǐn xiàn yú xiǎo
到，它能够进行急速猎杀，所以说，它的食谱肯定不仅仅限于小
pá xíng dòng wù shuō bù dìng hái bāo kuò zuì zǎo de bǔ rǔ lèi dòng wù
爬行动物，说不定还包括最早的哺乳类动物。

hūn sù dā pèi
荤素搭配

zài shǐ dào lóng de shàng xià hé shang
在始盗龙的上下颌上，
hòu miàn de yá chǐ xiàng dài cáo de niú pái dāo
后面的牙齿像带槽的牛排刀
yī yàng lái kàn yǔ shí ròu kǒng lóng xiāng
一样来看，与食肉恐龙相
sì dàn tā qián miàn de yá chǐ què shì shù
似。但它前面的牙齿却是树
yè zhuàng yòu yǔ sù shí kǒng lóng xiāng sì
叶状，又与素食恐龙相似。

zuì zǎo de kǒng lóng
最早的恐龙

dào lóng shì dì qiú shang zuì zǎo chū xiàn de
盗龙是地球上最早出现的
kǒng lóng zhī yī tā yǒu gè shǒu zhǐ ér
恐龙之一。它有5个“手指”，而
hòu lái chū xiàn de shí ròu kǒng lóng de shǒu zhǐ
后来出现的食肉恐龙的“手指”
shù zé qū yú jiǎn shǎo
数则趋于减少。

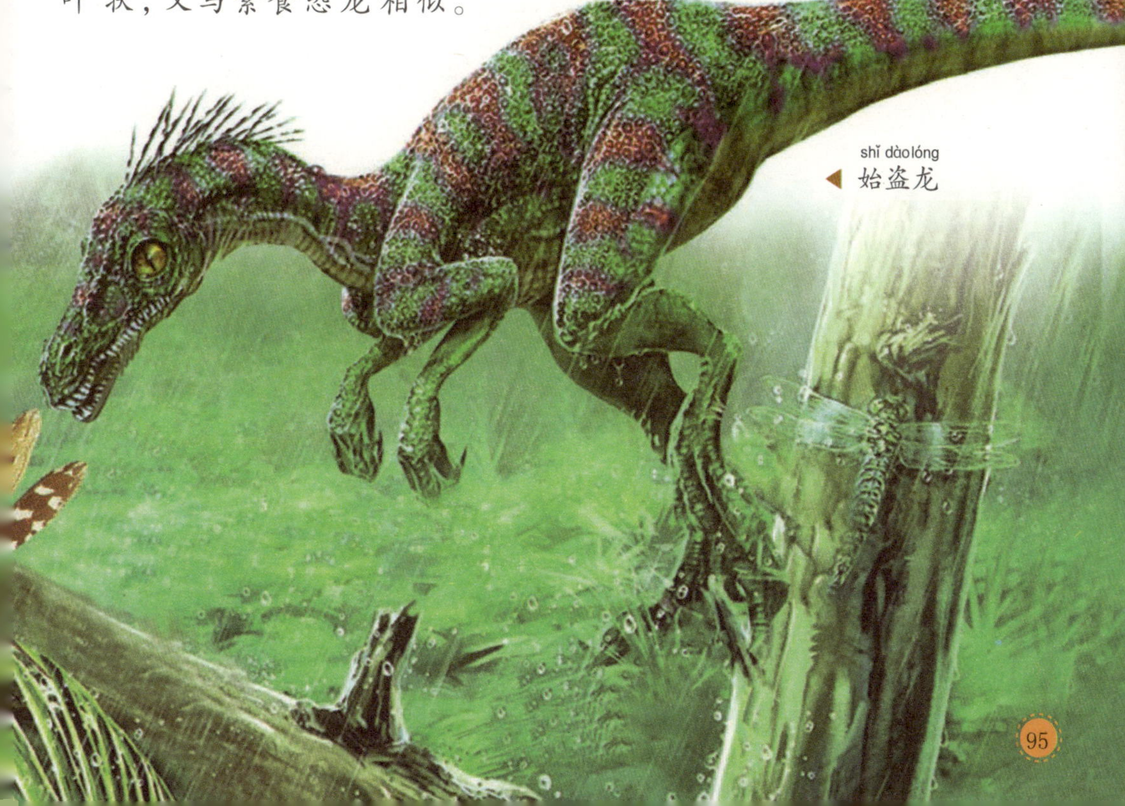

shǐ dào lóng
◀ 始盗龙

āi léi lā lóng

埃雷拉龙

āi léi lā lóng tǐ cháng mǐ tǐ zhòng qiān kè yě shì zuì gǔ lǎo de kǒng lóng zhī yī
埃雷拉龙体长5米，体重180千克，也是最古老的恐龙之一。
tā bǐ shǐ dào lóng yào wǎn yuē wàn nián yǔ hòu lái de ròu shí xìng kǒng lóng yǒu xǔ duō xiāng tóng zhī
它比始盗龙要晚约200万年，与后来的肉食性恐龙有许多相同之
chù ruì lì de yá chǐ jù dà de zhuǎ hé qiáng yǒu lì de hòu zhī zhèng míng kǒng lóng qǐ yuán yú
处：锐利的牙齿、巨大的爪和强有力的后肢，证明恐龙起源于
tóng yī gè zǔ xiān
同一个祖先。

fā xiàn huà shí

发现化石

āi léi lā lóng lèi shǔ yú shòu jiǎo lèi kǒng lóng tā shì zài nán měi zhōu de bā xī ā gēn tíng
埃雷拉龙类属于兽脚类恐龙，它是在南美洲的巴西、阿根廷
jí běi měi zhōu bèi fā xiàn de bǐ jiào wán zhěng de gǔ gé huà shí zhí dào nián cái fā xiàn
及北美洲被发现的。比较完整的骨骼化石，直到1980年才发现。
zhè jù tóu gǔ bǎo cún de xiāng dāng wán hǎo shèn zhì lián yǎn wō lǐ mian de gǔ huán dōu wán hǎo wú sǔn
这具头骨保存得相当完好，甚至连眼窝里面的骨环都完好无损。

āi léi lā lóng yǎo shí dòng wù de xiǎng xiàng tú
▼埃雷拉龙咬食动物的想象图

mǐn ruì xiù jué

敏锐嗅觉

gǔ shēng wù xué jiā jiè shào āi léi lā lóng ěr duo lǐ
古生物学家介绍，埃雷拉龙耳朵里
bǎo cún yǒu wán hǎo de tīng xiǎo gǔ zhè shuō míng tā kě néng jù
保存有完好的听小骨，这说明它可能具
yǒu mǐn ruì de tīng jué jiù nà gè shí dài ér yán āi léi
有敏锐的听觉。就那个时代而言，埃雷
lā lóng tīng jué líng mǐn bēn zǒu xùn sù kě yǐ bǔ zhuō xiǎo
拉龙听觉灵敏，奔走迅速，可以捕捉小
kǒng lóng huò qí tā dòng wù
恐龙或其他动物。

奇怪的名字

埃雷拉龙的第一块骨骼化石是阿根廷一位叫埃雷拉的农民无意中发现的。为了纪念他，这种恐龙就以"埃雷拉龙"命名。

食物来源

埃雷拉龙的主要食物，是小型的草食性恐龙以及其他爬行类动物。蜻蜓等昆虫也会成为它的食物。埃雷拉龙会利用它弯曲而尖锐的牙齿或有力的爪子，给予猎物致命的一击。

小知识

埃雷拉龙又名黑瑞龙，灵活机敏，奔走迅速，可能具有敏锐的听觉。

▲ 埃雷拉龙是速度相当快的两足肉食性恐龙

lǐ ào ā lā bā lóng
里奥阿拉巴龙

里奥阿拉巴龙也叫腔骨龙，它生活在三叠纪晚期，是一种小型的肉食性恐龙。但从外形来看，有点像现在比较瘦长的大型鸟类。接下来，就让我们一起走近它吧！

小知识

里奥阿拉巴龙可能以小型、类似蜥蜴的动物为食。

wài bù xíng tài
外部形态

里奥阿拉巴龙身长2米左右，后肢细长，但强健有力，三个脚趾着地，趾端有弯曲的爪子。前肢较后肢短小，但手掌上的三个指头却是较长的。身体后面长而纤细的尾巴，与身体前部保持着平衡。

bǎo chí shuǐ fèn
保持水分

在三叠纪，外部环境非常干燥。为了适应严峻的生活，里奥阿拉巴龙想了一条妙计，就是以尿酸的形式排出有毒的含氮物质，而不是像我们人用尿液。这样一来，水分就保持在体内了。

和鸟类相似

里奥阿拉巴龙的四肢骨骼的部分，有些和现在的很多鸟类一样，中间是空的。这种结构能减轻它的体重，奔跑起来速度要快很多，很容易抓到猎物。另外，在它站着不动时，也会显得很直。

集体捕猎

里奥阿拉巴龙喜欢集体捕猎。这是因为它们觉得这样力量会大，能够去袭击一些大型的食草性恐龙。实际上，它们也确实得到了许多好处，非常适应这样的捕猎方式。

▼腔骨龙是小型、肉食性、双足恐龙，也是已知最早的恐龙之一

bǎn lóng
板龙

bǎn lóng yì wéi píng bǎn de pá xíng dòng wù shēng huó zài sān dié jì wǎn qī de yī zhǒng
板龙意为“平板的爬行动物”，生活在三叠纪晚期的一种
gǔ lǎo kǒng lóng tā de tǐ cháng mǐ shēn gāo mǐ tǐ zhòng dūn zuǒ yòu jù kǎo
古老恐龙。它的体长6－8米，身高3.6米，体重5吨左右。据考
gǔ yán jiū tā kě shì shēng huó zài dì qiú shang shí zhí wù de dì yī zhǒng jù xíng kǒng lóng
古研究，它可是生活在地球上食植物的第一种巨型恐龙。

wài bù xíng tài
外部形态

bǎn lóng shēn qū páng dà yǒu zhe xì cháng de jǐng bù hé hòu shí yǒu lì de wěi ba tā de tóu
板龙身躯庞大，有着细长的颈部和厚实有力的尾巴。它的头
bù xì cháng ér xiá zhǎi kǒu bí bù jiào hòu ér qiě yǒu hěn duō yá chǐ xià hé shang de niǎo huì gǔ
部细长而狭窄，口鼻部较厚，而且有很多牙齿，下颌上的鸟喙骨
yǐ jí biǎn píng de hé bù guān jié néng shǐ yǎo hé gèng yǒu lì
以及扁平的颌部关节能使咬合更有力。

zuì dà de kǒng lóng
最大的恐龙

bǎn lóng de qián duān duǎn
板龙的前端短
xiǎo qí zhǎng bù yǒu wǔ gè zhǐ tou mǔ zhǐ yǒu dà zhuǎ zhuǎ néng zì yóu huó dòng jì kě yǐ yòng
小，其掌部有五个指头，拇指有大爪，爪能自由活动，既可以用
lái gǎn zǒu dí rén yě néng zhuā zhāi shí wù bèn zhòng de bǎn lóng kě néng yào yòng sì zhī xíng zǒu dàn
来赶走敌人，也能抓摘食物。笨重的板龙可能要用四肢行走，但
yǒu shí yě kě zhí lì zhí lì shí gāo dá mǐ shì sān dié jì zhōng zuì dà de kǒng lóng zhī yī
有时也可直立，直立时高达4米，是三叠纪中最大的恐龙之一。

寻觅食物

板龙有时候用四肢爬行并寻觅地上的植物，但当需要时，它可以靠两只强壮的后肢直立起来，并用弯曲的拇指钩住树上的小枝，送进嘴里。它可以够到树木上的树梢。

▲正在吞食石头的板龙

吞食石头

板龙的牙齿和颌部不太适合咀嚼，所以它可能会吞下各种石头，让它们储存在胃中，像一台碾磨机那样滚动碾磨，把食物碾碎成糊状以便于吸收。

小知识

板龙需要不断迁徙去寻找足够的食物。

nán shí zì lóng
南十字龙

nán shí zì lóng shì zuì zǎo de kǒnglóng zhī yī tā shēncháng yuē mǐ cháng è shang zhǎng zhe
南十字龙是最早的恐龙之一。它身长约2米，长颚上长着
zhěng qí de yá chǐ yàng zi hěn kǒng bù bù guò ne zhè kě shì tā yòng yú bǔ zhuō liè wù de
整齐的牙齿，样子很恐怖。不过呢，这可是它用于捕捉猎物的。
lìng wài tā xì cháng de xiàng niǎo yī yàng de hòu zhī kě yòng lái zhuī zhú liè wù jiē xià lái
另外，它细长的像鸟一样的后肢，可用来追逐猎物。接下来，
jiù ràng wǒ men qù kàn kàn nán shí zì lóng
就让我们去看看南十字龙。

ròu shí xìng de kǒnglóng
肉食性的恐龙

cóng wài guān shang kàn nán shí zì lóng néng kuài pǎo shí fēn xùn sù tā yòng liǎng zú xíng zǒu
从外观上看，南十字龙能快跑，十分迅速。它用两足行走，
hòu zhī kě néng yǒu wǔ gè jiǎo zhǐ zhè zhǒng kǒnglóng shì ròu shí xìng de kǒnglóng bù guò ne hòu lái
后肢可能有五个脚趾，这种恐龙是肉食性的恐龙。不过呢，后来
chū xiàn de ròu shí xìng kǒnglóng hòu zhī zhǐ yǒu sān gè jiǎo zhǐ qián zhī xiǎo ér
出现的肉食性恐龙后肢只有三个脚趾，前肢小而
qiě kě néng yǒu sì gè shǒu zhǐ
且可能有四个手指。

shén qí de míng zi
神奇的名字

nán shí zì lóng shēng huó yú sān dié jì wǎn qī de bā xī yīn wèi zài
南十字龙生活于三叠纪晚期的巴西。因为在
tā bèi fā xiàn de shí hòu shì nián ér dāng shí zài nán bàn qiú de kǒnglóng
它被发现的时候是1970年，而当时在南半球的恐龙
fā xiàn lì zi jí shǎo yīn cǐ kǒnglóng de míng zi biàn gēn jù zhǐ yǒu
发现例子极少，因此恐龙的名字便根据只有
nán bàn qiú cái kě yǐ kàn jiàn de xīng zuò nán shí zì xīng mìng míng
南半球才可以看见的星座南十字星命名。

yuán shǐ de kǒnglóng
原始的恐龙

nán shí zì lóng
▲南十字龙

nán shí zì lóng de huà shí jì lù hěn bù wánzhěng
南十字龙的化石记录很不完整，
zhǐ yǒu dà bù fen de jǐ zhuī gǔ hòu zhī hé dà xíng
只有大部分的脊椎骨、后肢和大型
xià hé yīn wèi huà shí de nián dài shì zài kǒnglóng shí
下颌。因为化石的年代是在恐龙时
dài de zǎo qī ér qiě yuán shǐ suǒ yǐ dà bù fen
代的早期，而且原始，所以大部分
de nán shí zì lóng tè zhēngdōu dé yǐ chóngjiàn bǐ rú nán shí zì lóng de wǔ gēnshǒuzhǐ yǔ wǔ gè jiǎo
的南十字龙特征都得以重建。比如南十字龙的五根手指与五个脚
zhǐ jiù shì fēi chángyuán shǐ de kǒnglóng tè zhēng
趾，就是非常原始的恐龙特征。

kuài sù bēn pǎo zhě
快速奔跑者

gēn jù gǔ shēng wù xué jiā de yán jiū fā xiàn nán
根据古生物学家的研究发现，南
shí zì lóng bèi rèn wéi shì kuài sù bēn pǎo zhě shǒu
十字龙被认为是“快速奔跑者”。首
xiān tā zhǐ yǒu liǎng gè jǐ zhuī gǔ lián jiē gǔ pén yǔ jǐ
先，它只有两个脊椎骨连接骨盆与脊
zhù zhè shì zuì míngxiǎn de yuán shǐ pái liè fāng shì bǐ
柱，这是最明显的原始排列方式。比
jiào wǎn qī de xī jiǎo xià mù kǒnglóng nán shí zì lóng de
较晚期的蜥脚下目恐龙，南十字龙的
wěi ba kě néngcháng ér xì
尾巴可能长而细。

小知识

nán shí zì lóng shì yī
南十字龙是一
zhǒng xiǎo xíng de shòu jiǎo yà
种小型的兽脚亚
mù kǒnglóng
目恐龙。

dà zhuī lóng
大椎龙

dà zhuī lóng yòu chēng wéi jù zhuī lóng tā yǒu jù dà de jǐ zhuī chéngnián de dà zhuī lóng yào
大椎龙又称为巨椎龙，它有巨大的脊椎。成年的大椎龙要
shì kào liǎng tiáo hòu tuǐ zhàn lì qǐ lái kě yǐ gòu dào shuāngcéng gōnggòng qì chē de dǐng bù tā de
是靠两条后腿站立起来，可以够到双层公共汽车的顶部。它的
tóu xiǎo jǐng cháng wài xíng bǐ tóng shí qī de bǎn lóng yào xiǎo qiǎo de duō
头小颈长，外形比同时期的板龙要小巧得多。

dà zhuīlóng
▲大椎龙

sì jiǎo zháo dì
四脚着地

dà zhuīlóng yī bān sì jiǎo zháo dì yě néng jǐn
大椎龙一般四脚着地，也能仅
yòng hòu tuǐ zhàn lì qǐ lái cǎi shí dà zhuīlóng de mǔ
用后腿站立起来采食。大椎龙的拇
zhǐ tè bié dà shàng miàn zhǎng yǒu cháng ér wān qū de
指特别大，上面长有长而弯曲的
zhuǎ zhǔ yào shì
爪，主要是
wèi le fáng yù zài dì èr dì sān zhǐ de pèi hé xià dà mǔ
为了防御。在第二、第三指的配合下，大拇
zhǐ hái jù yǒu zhuā wò gōngnéng lìng wài liǎng gè zhǐ zé xiāng duì yào xiǎo
指还具有抓握功能。另外两个指则相对要小。

tūn xià luǎn shí
吞下卵石

dà zhuīlóng chū cì bèi fā xiàn de shí hòu zài tā de lèi gǔ lóng nèi zhǎodào le
大椎龙初次被发现的时候，在它的肋骨笼内找到了
yī xiē xiǎo luǎn shí gǔ shēng wù xué jiā tuī duàn zhè xiē luǎn shí shì yòng yǐ bāngzhù
一些小卵石。古生物学家推断，这些卵石是用以帮助
dà zhuīlóng zài wèi zhōng xiāo huà shí wù de
大椎龙在胃中消化食物的。

luǎn shí de gōngzuò yuán lǐ
卵石的工作原理

jiù xiàng shí wù jiǎo bàn jī de dāo piàn yī yàng luǎn shí kě yǐ jiāng shù yè dǎo suì chéng nóng hòu nián chóu de zhī yè yǐ biàn dà zhuī lóng néng gòu xī shōu duì shēn tǐ yǒu yòng de yíng yǎng
就像食物搅拌机的刀片一样，卵石可以将树叶捣碎成浓厚、黏稠的汁液，以便大椎龙能够吸收对身体有用的营养。

qī xī dì
栖息地

gēn jù duì dà zhuī lóng huà shí de yán jiū gǔ shēng wù xué jiā fā xiàn dà zhuī lóng qī xī qū yù bǐ jiào guǎng jì kě yǐ shì shēng huó zài sēn lín mào mì de běi měi chōng jī píng yuán yě kě yǐ shēng huó zài fēi zhōu nán bù dà lù
根据对大椎龙化石的研究，古生物学家发现，大椎龙栖息区域比较广，既可以是生活在森林茂密的北美冲积平原，也可以生活在非洲南部大陆。

dà zhuī lóng de qīn qī
大椎龙的亲戚

dà zhuī lóng shǔ yú yuán xī jiǎo lèi kǒng lóng chú le bǎn lóng dà zhuī lóng wài hái yǒu shǔ lóng nián gǔ shēng wù xué jiā fā xiàn le shǔ lóng yòu lóng huà shí tā de dà xiǎo hé yī zhī māo yī yàng zhǐ yǒu lí mǐ cháng
大椎龙属于原蜥脚类恐龙。除了板龙、大椎龙外，还有鼠龙。1979年，古生物学家发现了鼠龙幼龙化石，它的大小和一只猫一样，只有20厘米长。

小知识

dà zhuī lóng yīng gāi shì zá shí xìng kǒng lóng hūn sù dōu chī
大椎龙应该是杂食性恐龙，荤素都吃。

jìn xī lóng
近蜥龙

jìn xī lóng shì yī zhǒng mǐn jié xiǎo xíng èr zú bēn pǎo de xī jiǎo lèi kǒng lóng tā de tǐ cháng zhǐ bǐ wǒ men rén lèi shāo cháng yī diǎn yòng sì zhī lái zhī chēng shēn tǐ zhòng liàng yīn wèi zhǎng de hěn xiàng xiàn zài de xī yì suǒ yǐ dé míng jìn xī lóng yě shì běi měi fā xiàn de dì yī zhǒng kǒng lóng

近蜥龙，是一种敏捷、小型、二足奔跑的蜥脚类恐龙。它的体长只比我们人类稍长一点，用四肢来支撑身体重量。因为长得很像现在的蜥蜴，所以得名“近蜥龙”，也是北美发现的第一种恐龙。

wài bù xíng tài
外部形态

jìn xī lóng zhǎng zhe yī gè jìn sì yú sān jiǎo xíng de nǎo dai yǒu yi gè xì cháng de bí qiāng tā de yá chǐ chéng zuàn shí xíng bó zi shēn tǐ hé wěi bā dōu bǐ jiào cháng qián zhī cháng dù zhǐ yǒu hòu zhī de suǒ yǐ tā hěn kě néng xiàng bǎn lóng yī yàng píng shí dà bù fen shí jiān lǐ yòng sì zú xíng zǒu

近蜥龙长着一个近似于三角形的脑袋，有一个细长的鼻腔。它的牙齿呈钻石形，脖子、身体和尾巴都比较长。前肢长度只有后肢的1/3，所以，它很可能像板龙一样，平时大部分时间里用四足行走。

小知识

jìn xī lóng shì cǎo shí xìng kǒng lóng zhī yī jué lèi zhí wù shì tā de zhǔ yào shí wù

近蜥龙是草食性恐龙之一，蕨类植物是它的主要食物。

享受大餐

近蜥龙最爱吃嫩嫩的叶子，吃的时候身体会直立起来。这样，有力的骨盆就会把身体前部的重量转移到后肢和尾巴上，它们就能轻松地转动脖子，好好地享用自己的大餐了。

▲有时，近蜥龙也会以两足行走。近蜥龙在吃东西时，会把身体直立起来

遭遇敌手

近蜥龙生活在侏罗纪早期。在它生活的地区，还有一种对它构成威胁的恐龙，这就是大型的兽脚类恐龙。一旦遇到它们，近蜥龙会急忙逃走，如果来不及躲闪，就会用自己的大爪子奋力一搏。

草食性恐龙

近蜥龙的上下颌长满了牙齿。它那又长又窄的前肢掌上，大爪子长着带有能弯曲的大拇指，爪子很可能是用来挖掘植物的地下根茎的。这说明近蜥龙是草食性恐龙。

yì tè lóng
异特龙

zài zhū luó jì shí qī yì tè lóng shì zhù míng shā shǒu tā jí měng qín hé è yú
在侏罗纪时期，异特龙是著名“杀手”。它集猛禽和鳄鱼
de tè xìng yú yī shēn duì liè wù lěng kù wú qíng shí fēn xiōngměng kě wèi cán bào zhì jí
的特性于一身，对猎物冷酷无情，十分凶猛，可谓残暴至极。
yì tè lóng yě shì zhè yī shí qī shù liàng zuì duō de kǒnglóng
异特龙也是这一时期数量最多的恐龙。

wài bù xíng tài
外部形态

yì tè lóng shì yī zhǒng dà xíng de ròu shí xìngkǒnglóng yǐ tǐ xíng ér yán yì tè lóng suī rán
异特龙是一种大型的肉食性恐龙。以体型而言，异特龙虽然
bǐ bàolóng lüè xiǎo yī hào dàn shì hé bàolóngxiāng bǐ qǐ lái yì tè lóng jù yǒu bǐ bàolóng cū dà
比暴龙略小一号，但是和暴龙相比起来，异特龙具有比暴龙粗大，
gèng shì hé yú liè shā cǎo shí kǒnglóng
更适合于猎杀草食恐龙。

yì tè lóng shì yī zhǒng xǐ huan zhǔ dòng gōng jī bié rén de dà xíng lüè shí zhě
▼异特龙是一种喜欢主动攻击别人的大型掠食者

xiōngměng wú bǐ
凶猛无比

yì tè lóng de xiōngměng wú bǐ hé tā
异特龙的凶猛无比，和它
zhǎngyǒu fēng lì de zhuǎ zi yě fēn bù kāi yào
长有锋利的爪子也分不开。要
shì nǎ zhǒngkǒnglóng bèi yì tè lóng de zhuǎ zi yī
是哪种恐龙被异特龙的爪子一
huá jiù huì zài shēnshang liú xià yī dào dàoshāng
划，就会在身上留下一道道伤
hén tā de wěi ba yòu cū yòucháng yě bù
痕。它的尾巴又粗又长，也不
kě xiǎoqiáo néng bǎ lái fàn zhě sǎo hūn
可小瞧，能把来犯者扫昏。

tūn shí liè wù
吞食猎物

kē yì tè lóng zuì zǎo zài běi měizhōushēnghuó
科异特龙最早在北美洲 生活。
tā de yī zhāng dà zuǐ zuǐ ba yǒu mǐ duōkuān
它的一张大嘴，嘴巴有1米多宽，
dà yuē yǒu kē de jiān yá xiǎn shì chū lái tā kě
大约有70颗的尖牙显示出来。它可
yǐ yī xià zi tūn xià yī tóu xiǎo zhū lìng wài yá
以一下子吞下一头小猪。另外，牙
chǐ quándōuxiàng lǐ wān qū liè wù bèi tā yǎo zhù jiù
齿全都向里弯曲，猎物被它咬住就
xiū xiǎng táo chū lái zhǐ néngguāiguāi bèi xiāo miè
休想逃出来，只能乖乖被消灭。

xiōngměngqiáng dà de yì tè lóng shì xǔ duōxiǎo
▲ 凶猛强大的异特龙是许多小
xíngkǒnglóng yǎnzhōng de shàxīng
型恐龙眼中的“煞星”

yì tè lóng de qīn qi
异特龙的亲戚

qì lóng shì zài wǒ guó fā xiàn de yī
气龙是在我国发现的一
zhǒngkǒnglóng tā shēnghuó zài zhū luó jì zhōng qī
种恐龙。它生活在侏罗纪中期，
dà yuē yǒu mǐ cháng gǔ shēng wù
大约有3.5米长。古生物
xué jiā rèn wéi qì lóng hé yì tè
学家认为，气龙和异特
lóng yǒu qīn qi guān xì dōu yǒuqiáng jìng de zhuǎ zi
龙有亲戚关系，都有强劲的爪子。

小知识

suī shuō yì tè lóng hé
虽说异特龙和
bào lóng yī yàng cán bào kě
暴龙一样残暴，可
tā men méi yǒu xuè yuán guān
它们没有血缘关
xì
系。

jiàn lóng
剑龙

jiàn lóng shì kǒng lóng jiā zú zhōng zuì bèn de kǒng lóng tā de shēn tǐ hé fēi zhōu dà xiàng chà bù
剑龙是恐龙家族中最笨的恐龙。它的身体和非洲大象差不

duō nǎo dai què hěn xiǎo tā wán quán shì yòng sì zú xíng zǒu qián zhī duǎn hòu zhī jiào cháng
多，脑袋却很小。它完全是用四足行走，前肢短，后肢较长，

zhěng gè shēn tǐ xiàng gǒng qǐ de yī zuò xiǎo shān jiē xià lái wǒ men jiù qù jiàn shí yī xià zhè gè
整个身体像拱起的一座小山。接下来，我们就去见识一下这个

dà kuài tóu
大块头。

jiàn lóng
▲剑龙

dà xíng kǒng lóng
大型恐龙

jiàn lóng wéi yī zhǒng jù dà de kǒng lóng shēn cháng
剑龙为一种巨大的恐龙，身长

yǒu mǐ tǐ zhòng yuē yǒu dūn zhòng tā shǔ yú
有12米，体重约有4吨重。它属于

cǎo shí xìng kǒng lóng bù guò ne zhè gè dà kuài tóu yǐ
草食性恐龙。不过呢，这个大块头已

zài dì qiú shang shēng cún le yī yì duō nián zhǔ yào jū
在地球上生存了一亿多年。主要居

zhù zài píng yuán shang bìng qiě yǐ qún tǐ yóu mù de fāng
住在平原上，并且以群体游牧的方

shì hé qí tā shí cǎo dòng wù yī tóng shēng huó
式和其它食草动物一同生活。

bèi shang de gǔ bǎn
背上的骨板

jiàn lóng de bèi shang yǒu yī pái jù dà de gǔ zhì bǎn zhè yě chéng wéi tā de shēn fèn tè zhēng
剑龙的背上有一排巨大的骨质板，这也成为它的身份特征。

cóng tā de jǐng bù yán bèi jǐ yī zhí dào wěi ba zhōng bù shì liǎng pái sān jiǎo xíng de bǎn kuài wěi
从它的颈部沿背脊，一直到尾巴中部，是两排三角形的板块，尾

ba hái yǒu gǔ dīng
巴还有骨钉。

tè ài tiāo shí
特爱挑食

yǒu qù de shì jiàn lóng yě bǐ jiào ài tiāo shí zhè shì yīn wèi jiàn lóng de zuǐ ba bǐ jiào zhǎi suǒ yǐ yù dào shí wù shí tā huì gēn jù shí jì qíngkuàng jìn xíngxuǎn zé tiāoxuǎn yī xiē ài chī de zhí wù bù wèi jìn xíng shíyòng bǐ rú jué lèi de guǒ shí hé sū tiě de huā

有趣的是，剑龙也比较爱挑食。这是因为剑龙的嘴巴比较窄，所以遇到食物时，它会根据实际情况进行选择，挑选一些爱吃的植物部位进行食用。比如，蕨类的果实和苏铁的花。

rú hé yù dí
如何御敌

jiàn lóng xíngdòng chí huǎn fǎn yìng jiào màn dāng ròu shí xìng kǒnglóng lái xí jī tā de shí hòu tā huì lì jí bǎ shēn tǐ zhuǎn dào shì dàng de wèi zhì ràngliǎng pái gǔ bǎn zhǐ xiàng jìn gōngzhě xià hu duì fāng yī dàn duì fāngchōngshàng lái jiàn lóng jiù huì huī dòng wěi ba yòng wěi ba shang de gǔ dīng biān dǎ dí rén

剑龙行动迟缓，反应较慢。当肉食性恐龙来袭击它的时候，它会立即把身体转到适当的位置，让两排骨板指向进攻者，吓唬对方。一旦对方冲上来，剑龙就会挥动尾巴，用尾巴上的骨钉鞭打敌人。

小知识

jiàn lóng wěi ba shang de gǔ dīng yě shì tā de zì wèi wǔ qì měi gēn gǔ dīng yǒu mǐ cháng

剑龙尾巴上的骨钉也是它的自卫武器。每根骨钉有 1.2 米长。

mí huò lóng
迷惑龙

mí huò lóng jiù shì rén men cháng shuō de léi lóng tā shì yī zhǒng dà xíng de cǎo shí xìng kǒng lóng tóu bù jiào xiǎo jǐng bù hé wěi ba hěn cháng tā men céng jīng shì xī jiǎo lèi kǒng lóng zhōng zuì wéi chéng gōng de yī qún kě xī zài wàn nián de yī chǎng jié nàn zhōng hé qí tā kǒng lóng yī tóng xiāo shī le

迷惑龙，就是人们常说的雷龙。它是一种大型的草食性恐龙，头部较小，颈部和尾巴很长。它们曾经是蜥脚类恐龙中最为成功的一群，可惜在6500万年的一场劫难中，和其他恐龙一同消失了。

míng zi de yóu lái
名字的由来

dāng shí gǔ shēng wù xué jiā fā xiàn yī gè fēi cháng dà de kǒng lóng jìng gǔ ràng tā men bèi gǎn mí huò yú shì jiù zài nián gěi tā mìng míng wéi mí huò lóng hòu lái de nián lìng yī xiē yán jiū zhě fā xiàn jǐ gè líng suì de kǒng lóng gǔ gé huà shí cái gěi tā chóng xīn qǔ míng léi lóng

当时，古生物学家发现一个非常大的恐龙胫骨，让他们备感迷惑，于是就在1977年给它命名为迷惑龙。后来的1983年，另一些研究者发现几个零碎的恐龙骨骼化石，才给它重新取名“雷龙”。

wài bù xíng tài
外部形态

mí huò lóng de bó zi hěn cháng yǒu mǐ wěi ba gèng cháng yǒu mǐ duō jiā shàng zhōng jiān de qū gàn zhěng gè shēn tǐ yǒu mǐ cháng zú zú yǒu dūn zhòng kě yǐ xiǎng xiàng yǒu duō dà tā de sì zhī jiù xiàng sì gēn dà zhù zi

迷惑龙的脖子很长，有6米。尾巴更长，有9米多。加上中间的躯干，整个身体有21米长，足足有25吨重，可以想象有多大。它的四肢就像四根大柱子。

mí huò lóng
▲ 迷惑龙

和马相似

2001年，古生物学家在非洲发现一具恐龙化石，包括整个头骨和绝大部分其他骨骼。根据这具化石，人们发现迷惑龙的头部形状和马相似，鼻孔位于头部的前方。

骨骼化石

迷惑龙的头部骨骼比较细，其他的颈部脊椎骨和四肢骨，都比较厚实。也就是说，它的骨骼更容易保存下来，成为化石。

食物类型

迷惑龙主要以羊齿类和苏铁类植物为食。它会把所有植物鲸吞，完全不用咀嚼直接送到了胃部。可以说，要是一群庞大的迷惑龙，在短短几天可以把一片树林摧毁。好在那个时期，地球上的植物生长迅速。

小知识

迷惑龙是一种群体性恐龙，也会迁徙。

měi niǔ zhuī lóng
美扭椎龙

在侏罗纪中晚期，地球上出现了一种大型肉食恐龙，这就是美扭椎龙。它的身体比早期有骨板的鸟臀目恐龙要长很多，身体结构和斑龙类似。

名字的由来

有趣的是，在美扭椎龙开始被发现时，人们把它当成是肉食性恐龙——斑龙。直到1964年，人们才发现它并不是斑龙，给它重新取名“美扭椎龙”。

小知识

其实，美扭椎龙可能还吃一些动物的尸体。

外部形态

美扭椎龙的头很大，长长的上下颌中长满了锯齿。它的前肢生有三指，后肢非常粗壮。也就是说，它能够轻捷地追赶猎物，并用短而粗的前肢捕获猎物。

特殊的脚

美扭椎龙估计有六七米长，高约2米。它是双足的肉食性恐龙，有坚实的尾巴。与大多数兽脚类恐龙一样，它的脚也是由三根趾头构成，整体结构和现代鸟类相似。

追赶猎物

美扭椎龙是大型的肉食性恐龙，它善于捕猎。一旦有其他动物来到，它就会立刻出击，进行攻击。首先来说，它反应敏捷，能快速奔跑去捕获猎物，被捕获的猎物有鲸龙、棱齿龙和剑龙等。

shuāng jǐ lóng

双脊龙

shuāng jǐ lóng yòu jiào shuāngguān lóng shì yī zhǒng zǎo qī de ròu shí xìng kǒng lóng tā de shēn
双脊龙又叫双冠龙，是一种早期的肉食性恐龙。它的身
cháng yǒu mǐ gāo yuē mǐ shì yī zhǒng tǐ xíng xiū cháng de dà xíng kǒng lóng yóu yú tā de
长有6米，高约2.4米，是一种体型修长的大型恐龙。由于它的
yí hái chū tǔ duō tā de zhī míng dù yě hěn gāo jiē xià lái wǒ men jiù qù jiàn shí yī xià
遗骸出土多，它的知名度也很高。接下来，我们就去见识一下
tā dú tè de mèi lì
它独特的魅力。

tóu shang de shuāngguān

头上的双冠

shuāng jǐ lóng zuì tū chū de tè zhēng jiù shì tóu shang de tóu guān tóu guān yuán ér báo zhè
双脊龙最突出的特征，就是头上的头冠。头冠圆而薄，这
shì gānshén me yòng ne mù qián lái shuō gǔ shēng wù xué jiā hái méi yǒu tǒng yī de shuō fǎ yǒu de
是干什么用呢？目前来说，古生物学家还没有统一的说法。有的
shuō shuí de tóu guān dà shuí jiù shì zhè gè qún tǐ de lǐng xiù yī dàn xióng xìng fā shēng duì zhì
说，谁的头冠大，谁就是这个群体的领袖。一旦雄性发生对峙
shí shuí de tóu guān xiǎo kě néng huì bù zhàn ér tuì
时，谁的头冠小可能会不战而退。

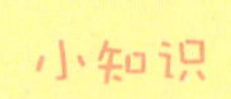

小知识

shuāng jǐ lóng qián zhī duǎn xiǎo hòu zhī fā dá shì hé bēn pǎo
双脊龙前肢短小，后肢发达，适合奔跑。

shuāng jǐ lóng cháng dá mǐ zhàn lì shí tóu bù gāo yuē mǐ tóu dǐng shang zhǎng zhe liǎng piàn dà dà de gǔ guān
◀ 双脊龙长达6米，站立时头部高约2.4米。头顶上长着两片大大的骨冠

shēn cái miáo tiáo
身材苗条

hé qí tā dà xíng kǒng lóng
和其他大型恐龙
xiāng bǐ shuāng jǐ lóng kě néng shì
相比，双脊龙可能是
zuì miáo tiáo de shǒu xiān tā
最苗条的。首先，它
de tóu bù jǐng bù bǐ jiào duǎn zuǐ bù qián duān tè bié xiá zhǎi zhè yàng de gòu zào fāng biàn tā zài
的头部、颈部比较短，嘴部前端特别狭窄，这样的构造方便它在
shù cóng zhōng huó dòng zài diàn yǐng zhū luó jì gōng yuán zhōng jiù yǒu shuāng jǐ lóng de shēn yǐng
树丛中活动。在电影《侏罗纪公园》中，就有双脊龙的身影。

gōng shì tè bié
攻势特别

zài bǔ liè shí shuāng jǐ lóng huì cǎi yòng sān dào gōng shì kuài sù de chú diào liè wù zhè sān
在捕猎时，双脊龙会采用三道攻势，快速地除掉猎物。这三
dào gōng shì shì yòng cháng yá yǎo bìng tóng shí huī wǔ shǒu zhǐ hé jiǎo zhǐ shang de lì zhuǎ qù zhuā jǐn liè
道攻势是：用长牙咬，并同时挥舞手指和脚趾上的利爪去抓紧猎
wù zuì hòu xiāo miè liè wù
物，最后消灭猎物。

bǔ liè duì xiàng
捕猎对象

shuāng jǐ lóng yǒu fā dá de hòu
双脊龙有发达的后
zhī néng fēi sù de zhuī shàng cǎo shí xìng
肢，能飞速地追上草食性
liè wù tā de liè shí duì xiàng zhǔ yào
猎物，它的猎食对象主要
shì nà xiē xiǎo xíng de niǎo jiǎo lèi kǒng lóng
是那些小型的鸟脚类恐龙。
bù guò ne yǒu shí yě huì bǔ zhuō tǐ
不过呢，有时也会捕捉体
xíng jiào dà de xī jiǎo lèi kǒng lóng
型较大的蜥脚类恐龙。

shuāng jǐ lóng
◀ 双脊龙

shì niǎo lóng
嗜鸟龙

shì niǎo lóng shēnghuó zài zhū luó jì wǎn qī bái è jì zǎo qī shì yī zhǒng xiǎo xíng kǒng lóng
嗜鸟龙生活在侏罗纪晚期、白垩纪早期，是一种小型恐龙，
shēncháng mǐ bù guò guāng tā de wěi ba jiù zhàn le shēncháng de yī bàn tǐ zhòng fēi cháng
身长 2 米。不过，光它的尾巴就占了身长的一半，体重非常
qīng tā xí guàn yú hòu zhī xíng zǒu suī rán míng zi jiào shì niǎo lóng kě tā bìng méi yǒu zhēn de
轻。它习惯于后肢行走。虽然名字叫嗜鸟龙，可它并没有真的
bǔ shí guò niǎo lèi
捕食过鸟类。

míng zì zhī mí
名字之谜

zuì chū gǔ shēng wù xué jiā kāi shǐ wèi shì niǎo lóng qǔ míng shí rèn wéi tā de sù dù fēi cháng
最初，古生物学家开始为嗜鸟龙取名时，认为它的速度非常
kuài wánquán yǒu néng lì chī diào xiàng shǐ zǔ niǎo zhè yàng de niǎo lèi zǔ xiān ér qiě tā hé shǐ zǔ niǎo
快，完全有能力吃掉像始祖鸟这样的鸟类祖先，而且它和始祖鸟
shēnghuó de shí dài dà zhì xiāngtóng suǒ yǐ jiù gěi tā qǐ le zhè gè míng zi shì niǎo lóng
生活的时代大致相同。所以，就给它起了这个名字——嗜鸟龙。

shǐ zǔ niǎo zài bǔ shí
▲始祖鸟在捕食

yǔ niǎo de guān xì
与鸟的关系

shì niǎo lóng qián zhī shang de qí tā liǎng gè shǒu zhǐ tè bié cháng hěn shì hé zhuā jǐn liè wù jǐn guǎn cóng tā de míng zi shang kàn shì niǎo lóng shì yǐ tōu shí niǎo lèi wéi shēng de dàn shí jì shang méi rén néng què rèn tā shì fǒu kě yǐ bǔ zhuō dào niǎo
嗜鸟龙前肢上的其他两个手指特别长，很适合抓紧猎物。尽管从它的名字上看，嗜鸟龙是以偷食鸟类为生的，但实际上，没人能确认它是否可以捕捉到鸟。

wài bù xíng tài
外部形态

shì niǎolóng de jǐng bù chéng xíng qián zhī hěncháng bìng kě yǐ zhuā wò dōng xi hòu zhī xiàng
嗜鸟龙的颈部呈S形。前肢很长，并可以抓握东西。后肢像
tuó niǎo yī yàngyǒu lì ér qiě hái hěncháng tā de wěi ba xiàngbiān zi yī yàng zhàn le shēncháng de
鸵鸟一样有力，而且还很长。它的尾巴像鞭子一样，占了身长的
yī bàn yǐ shàng zài tā zhuīgǎn liè wù shí wěi ba huì yǔ dì miànpíngxíng bǎo chí shēn tǐ pínghéng
一半以上。在它追赶猎物时，尾巴会与地面平行，保持身体平衡。

fǎn yìng mǐn jié
反应敏捷

shì niǎolóng shì yī gè jīngmíngqiáng
嗜鸟龙是一个精明强
hàn de lüè shí zhě tā bēn pǎo de sù
悍的掠食者，它奔跑的速
dù hěn kuài xǔ duō duǒ zài yán fèngzhōng
度很快。许多躲在岩缝中
de xī yì cǎocóngzhōng de xiǎoxíng bǔ
的蜥蜴、草丛中的小型哺
rǔ dòng wù hé xiǎokǒnglóng dōu kě néng
乳动物和小恐龙，都可能
shì tā de liè wù
是它的猎物。

zěn me bǔ shí
怎么捕食

shì niǎolóng shì xiǎoxíng shí ròukǒnglóng zhí dé
嗜鸟龙是小型食肉恐龙。值得
yī tí de shì tā tè bié ài chī gāng fū huà chū lái
一提的是，它特别爱吃刚孵化出来
de xiǎoliánglóng měi měi yǒu xiǎoliánglóng pò ké ér
的小梁龙。每每有小梁龙破壳而
chū tā jiù ān jìng de zài liánglóng mā ma xià dàn de
出，它就安静地在梁龙妈妈下蛋的
dì fangděngzhe zhǐ yào zhè xiē xiǎo jiā huowǎngwài yī
地方等着。只要这些小家伙往外一
lòu tóu jiù huì bèi shì niǎolóng dǎi gè zhèngzháo
露头，就会被嗜鸟龙逮个正着。

小知识

dào mù qián wéi zhǐ
到目前为止，
rén men zhǐ fā xiàn yī jù shì
人们只发现一具嗜
niǎolóng de gǔ gé huà shí
鸟龙的骨骼化石。

liáng lóng
梁龙

zài kǒng lóng jiā zú liáng lóng de shēn tǐ bǐ yí gè wǎng qiú chǎng hái yào cháng yǒu shì jiè shang
在恐龙家族，梁龙的身体比一个网球场还要长，有世界上
zuì cháng de kǒng lóng zhī chēng tā yǒu cháng cháng de bó zi cháng cháng de wěi ba guāng wěi bā jiù
最长的恐龙之称。它有长长的脖子，长长的尾巴，光尾巴就
zhàn le tǐ cháng de yí bàn
占了体长的一半。

wài bù xíng tài
外部形态

liáng lóng tǐ xíng jù dà kě nǎo dai què hěn xiǎo liǎn yě shì cháng cháng de tā de bí kǒng
梁龙体型巨大，可脑袋却很小，脸也是长长的。它的鼻孔
hěn tè bié zhǎng zài yǎn kuàng shàng fāng sì zhī xiàng sì gēn zhù zi yí yàng qián zhī jiào duǎn hòu
很特别，长在眼眶上方。四肢像四根柱子一样，前肢较短，后
zhī jiào cháng wěi ba zhú jiàn xiàng mò duān biàn xì
肢较长，尾巴逐渐向末端变细。

tè shū de gǔ gé
特殊的骨骼

liáng lóng suī shì zuì cháng de kǒng lóng kě tā de tǐ zhòng bìng bú zhòng zhǐ
梁龙虽是最长的恐龙，可它的体重并不重，只
xiāng dāng yú liǎng tóu yà zhōu xiàng nà me dà yuán yīn hěn jiǎn
相当于两头亚洲象那么大。原因很简
dān zhè shì yīn wèi tā de gǔ tóu
单，这是因为它的骨头
fēi cháng tè bié gǔ tou lǐ
非常特别，骨头里
biān shì kōng xīn de ér
边是空心的，而
qiě hěn qīng
且很轻。

cǎo shí xìngkǒnglóng
草食性恐龙

yǒu zhe chángjǐng jí biān zi zhuàngcháng wěi bā de
▲有着长颈及鞭子状长尾巴的
liánglóng
梁龙

liánglóng shì cǎo shí xìngkǒnglóng yǐ shù yè
梁龙是草食性恐龙，以树叶
hé jué lèi zhí wù wéi shí tā zhǎngyǒu biǎnpíng de
和蕨类植物为食。它长有扁平的
yá chǐ cè miàn hé hòu bù méi yǒu yá chǐ suǒ yǐ
牙齿，侧面和后部没有牙齿，所以
chī dōng xi de shí hòu bù jǔ jué ér shì jiāngshù yè
吃东西的时候不咀嚼，而是将树叶
děng zhí jiē tūn xià qù
等直接吞下去。

zì wèi wǔ qì
自卫武器

yī dàn yǒu dí rén lái fàn liánglóng yě yǒu zì wèi wǔ qì tā huì yòngqiángyǒu lì de wěi ba
一旦有敌人来犯，梁龙也有自卫武器。它会用强有力的尾巴
biān dǎ dí rén pò shǐ lái fàn zhě hòu tuì lìng wài tā qián zhī nèi cè yǒu yī gè jù dà ér wān
鞭打敌人，迫使来犯者后退。另外，它前肢内侧有一个巨大而弯
qū de zhuǎ zi kě yǐ jìn xíng fǎn jī
曲的爪子，可以进行反击。

小知识

liánglóng zhǔ yào fēn bù
梁龙主要分布
zài měi guó kē luó lā duō
在美国科罗拉多
zhōu méng dà ná zhōu é
州、蒙大拿州、俄
hài é zhōuděng dì
亥俄州等地。

wàn lóng
腕龙

wàn lóng shì dì qiú shang zuì dà de kǒng lóng zhī yī shēng huó yú zhū luó jì zǎo qī zhì bái è
腕龙是地球上最大的恐龙之一，生活于侏罗纪早期至白垩
jì wǎn qī zhǔ yào fēn bù zài fēi zhōu hé měi zhōu dì qū tā yōng yǒu jù dà de qián zhī hé xiàng
纪晚期，主要分布在非洲和美洲地区。它拥有巨大的前肢和像
cháng jǐng lù yī yàng de bó zi ér wén míng jiē xià lái jiù ràng wǒ men kuài kuài zǒu jìn zhè zhī
长颈鹿一样的脖子而闻名。接下来，就让我们快快走近这只
dà guài shòu
“大怪兽”。

tè shū de wài xíng
特殊的外形

wàn lóng de qián zhī bǐ hòu zhī gèng cháng jǐ bèi yóu qián xiàng hòu qīng xié yǔ qí tā xī jiǎo lèi
腕龙的前肢比后肢更长，脊背由前向后倾斜，与其他蜥脚类
kǒng lóng dōu bù yī yàng qí cì wàn lóng de tóu gǔ suī rán yǔ yuán dǐng lóng xiāng sì dàn bí liáng cháo
恐龙都不一样。其次，腕龙的头骨虽然与圆顶龙相似，但鼻梁朝
qián gāo gāo gǒng qǐ fù yuán hòu de wàn lóng tóu kàn shang qù xiàng shì duō le dǐng jī guān
前高高拱起，复原后的腕龙头看上去像是多了顶“鸡冠”。

shí liàng chāo dà
食量超大

wàn lóng yào chī dà liàng shí wù lái bǔ chōng tǐ nèi suǒ xū de néng
腕龙要吃大量食物，来补充体内所需的能
liàng jù shuō tā yī tiān de shí liàng xiāng dāng yú shí tóu dà
量。据说，它一天的食量相当于十头大
xiàng de shí liàng suǒ yǐ tā men měi tiān
象的食量。所以，它们每天
dōu zài sì chù zhǎo xún shí wù
都在四处找寻食物。

群居生活

腕龙性格温和，群居生活，为了满足它们的大胃口，经常成群迁移。所到之处，大地震颤，烟尘滚滚，惊散其他各类小动物，只有天上的翼龙悠闲地盘旋在它们左右。

化石真相

1907年，一个德国科学家到非洲坦桑尼亚找矿，意外地发现了一堆巨大的动物骨骼化石。其中，有一具经过组装，组装成了相当完整的骨骼。化石长23米，头距地高达12米多，这就是腕龙化石。

小知识

如此大的体型，古生物学家猜测腕龙应该不只一个心脏。

yuán dǐng lóng
圆顶龙

yuán dǐng lóng shì běi měi zuì zhù míng de kǒng lóng zhī yī shēng huó zài zhū luó jì mò qī kāi kuò
圆顶龙是北美最著名的恐龙之一，生活在侏罗纪末期开阔

de píng yuán shang tā shēn cháng mǐ zhòng yuē dūn cū zhuàng de sì zhī wěn wěn de zhī chēng
的平原上。它身长18米，重约20吨，粗壮的四肢稳稳地支撑

qǐ páng dà de shēn qū xiǎn de shí fēn dūn shi
起庞大的身躯，显得十分敦实。

wài bù xíng tài
外部形态

yuán dǐng lóng de tóu dà bí zi shì biǎn de yá chǐ xiàng zuàn shí yī yàng zài xī jiǎo lèi kǒng
圆顶龙的头大，鼻子是扁的，牙齿像钻石一样。在蜥脚类恐

lóng zhōng tā de bó zi lüè wēi piān duǎn qián zhī bǐ hòu zhī lüè duǎn zhǎng bù dōu zhǎng yǒu wǔ gè jiǎo
龙中，它的脖子略微偏短。前肢比后肢略短，掌部都长有五个脚

zhǐ qián zhī zhǎng bù hái zhǎng yǒu yī gè wān qū de zhuǎ zi
趾，前肢掌部还长有一个弯曲的爪子。

biān zǒu biān chǎn dàn
边走边产蛋

yuán dǐng lóng bù zuò wō tā men yī biān
圆顶龙不做窝，它们一边

zǒu lù yī biān xià dàn chǎn xià de kǒng lóng dàn
走路一边下蛋，产下的恐龙蛋

huì pái chéng yī tiáo xiàn děng xiǎo kǒng lóng fū chū
会排成一条线。等小恐龙孵出

lái yuán dǐng lóng mā ma huì zhào gù zì jǐ de
来，圆顶龙妈妈会照顾自己的

hái zi bìng hǎo hǎo bǎo hù bù ràng tā men
孩子，并好好保护，不让它们

shòu dào ròu shí xìng kǒng lóng de gōng jī
受到肉食性恐龙的攻击。

yuán dǐng lóng shì běi měi zhōu zuì cháng jiàn de dà xíng
▲圆顶龙是北美洲最常见的大型

xī jiǎo xià mù kǒng lóng zhī yī
蜥脚下目恐龙之一

cǎo shí xìngkǒnglóng 草食性恐龙

yuándǐnglóng shì cǎo shí xìngkǒnglóng tā kě néngkào chī shù mù dī ǎi chù de zhī yè wéishēng
圆顶龙是草食性恐龙，它可能靠吃树木低矮处的枝叶为生，
ér bǎ shùdǐng bù de shù yè liú gěi shēngāo gāo dà de kǒnglóng chī dōng xi shí tā men bù jiáo
而把树顶部的树叶留给身高高大的恐龙。吃东西时，它们不嚼，
ér shì jiāng yè zi zhěngpiàn tūn xià zhǔ yào yǐ chī jué lèi zhí wù de yè zi sōngshù wéi zhǔ
而是将叶子整片吞下，主要以吃蕨类植物的叶子、松树为主。

xiāo huà xì tǒng 消化系统

yuándǐnglóng de yá chǐ cháng lí mǐ xíngzhuàngxiàngzáo zi
圆顶龙的牙齿长19厘米，形状像凿子，
zhěng qí de fēn bù zài hé bù lìng wài tā yǒu gè
整齐地分布在颌部。另外，它有个
fēi cháng qiángzhuàng de xiāo huà xì tǒng bù guò ne
非常强壮的消化系统。不过呢，
tā huì tūn xià shā shí yòng yǐ bāngzhù xiāo huà wèi lǐ
它会吞下砂石，用以帮助消化胃里
qí tā jiān yìng de zhí wù
其他坚硬的植物。

小知识

yuándǐnglóng zuì zǎo de
圆顶龙最早的
fā xiàn jì lù shì
发现记录是1877
nián shì zài měi guó kē luó
年，是在美国科罗
lā duōzhōu fā xiàn de
拉多州发现的。

shí ròu niú lóng
食肉牛龙

shí ròu niú lóng yòu míng niú lóng shì yī zhǒng ròu shí xìng kǒng lóng tā shēng huó zài bái è jì
食肉牛龙又名牛龙，是一种肉食性恐龙。它生活在白垩纪
shí qī tóu bù bǐ jiào duǎn ér qiě fēi cháng xiàng niú tóu zuì tè bié de shì tā de yǎn jīng
时期。头部比较短，而且非常像牛头。最特别的是，它的眼睛
shàng fāng yǒu yì zhuàng de jiān jiǎo suī rán tā zhǎng de yǒu diǎn xiàng niú kě bù xiàng niú nà yàng zhōng
上方有翼状的尖角。虽然它长得有点像牛，可不像牛那样忠
hòu lǎo shí shǔ yú xiōng měng de ròu shí xìng kǒng lóng
厚老实，属于凶猛的肉食性恐龙。

shí ròu niú lóng
◀ 食肉牛龙

jiān jiǎo hé qián zhī
尖角和前肢

shí ròu niú lóng zuì míng xiǎn de tè zhēng jiù
食肉牛龙最明显的特征，就
shì tóu shang yǒu yī duì jiān jiǎo zhè duì jiān jiǎo shēng
是头上有一对尖角。这对尖角生
zài yǎn jīng de shàng fāng xíng zhuàng xiàng yì bù
在眼睛的上方，形状像翼，不
kě néng shì yòng lái gōng jī dí rén de gǔ shēng wù
可能是用来攻击敌人的。古生物
xué jiā cāi cè zhè duì jiǎo hěn kě néng shì shí
学家猜测，这对角很可能是食
ròu niú lóng chéng shú de biāo zhì biāo zhì zhe
肉牛龙成熟的标志，标志着
tā yǐ jīng yǒu le shēng yù néng lì
它已经有了生育能力。

shí ròu niú lóng shì dà xíng ròu shí xìngkǒnglóng lèi
▲食肉牛龙是大型肉食性恐龙类
qúnzhōng de chéngyuán
群中的成员。

wài bù xíng tài
外部形态

shí ròu niú lóng de tóu bù bǐ jiàoduǎn
食肉牛龙的头部比较短，
shàng xià hé zhǎngzhexiàng tì ròu dāo yī yàng
上下颌长着像剔肉刀一样
de yá chǐ tā de shēncháng zú zú yǒuliǎng
的牙齿。它的身长足足有两
liàng qì chē nà yàngcháng bù guò hé shēn
辆汽车那样长。不过，和身
cháng bǐ qǐ lái tā de qián zhī jiù xiǎn de
长比起来，它的前肢就显得
yì chángduǎnxiǎo
异常短小。

小知识

hé bà wáng lóng yī
和霸王龙一
yàng shí ròu niú lóng yě shì
样，食肉牛龙也是
dà xíng ròu shí xìng kǒng lóng
大型肉食性恐龙
zhōng de chéngyuán
中的成员。

pí fū cū cāo
皮肤粗糙

shí ròu niú lóng de pí fū fēi cháng cū cāo cóng yī xiē kǎo gǔ
食肉牛龙的皮肤非常粗糙。从一些考古
fā xiàn lái kàn tā de shēnshang fù gài yǒu yī céng mì mì má má
发现来看，它的身上覆盖有一层密密麻麻
de lín piàn zhè xiē lín piànchéngyuánpánzhuàng dà xiǎo xíngzhuàng
的鳞片，这些鳞片呈圆盘状，大小、形状
dōu chà bù duō
都差不多。

bǔ huò liè wù
捕获猎物

suī shuō shí ròu niú lóngméi yǒu tè bié dà de hé
虽说食肉牛龙没有特别大的颌
bù dàn tā kě nénghuì bǔ shí dà xíngkǒnglóng bǐ
部，但它可能会捕食大型恐龙，比
rú liè shā niǎo jiǎo lèi kǒnglóng tā kě yǐ xùn sù pū
如猎杀鸟脚类恐龙。它可以迅速扑
xiàng liè wù zài liè wù hái méi fǎn yìng guò lái shí
向猎物，在猎物还没反应过来时，
jiāng duì fāngzhuāhuò
将对方抓获。

bān lóng 斑龙

bān lóng shì yī zhǒng páng dà de dòng wù zhàn lì qǐ lái shí gāo dá 3 mǐ tā shēng huó zài zhū luó jì zhōng qī jīng cháng lì yòng zhǎng shang hé zú shang de lì zhuǎ duì qí tā dòng wù jìn xíng gōng jī fēi cháng xiōng cán jiē xià lái jiù ràng wǒ men qù jiàn shí yī xià zhè gè cán bào chéng xìng de jiā huo

斑龙是一种庞大的动物，站立起来时高达3米。它生活在侏罗纪中期，经常利用掌上和足上的利爪，对其他动物进行攻击，非常凶残。接下来，就让我们去见识一下这个残暴成性的家伙。

wài bù xíng tài 外部形态

hé měi niǔ zhuī lóng xiāng bǐ bān lóng gèng jiā qiáng zhuàng tā de tóu bù yǒu yī mǐ cháng yǒu hòu shí de jǐng bù qián zhī hé hòu zhī dōu hěn qiáng jiàn gǔ shēng wù xué jiā tuī duàn bān lóng de hòu zhī yīng gāi yǒu liǎng mǐ cháng

和美扭椎龙相比，斑龙更加强壮。它的头部有一米长，有厚实的颈部，前肢和后肢都很强健。古生物学家推断，斑龙的后肢应该有两米长。

cán bào liè shí 残暴猎食

yīn wèi yǒu jiān lì de zhuǎ zi bān lóng néng suí shí gōng jī dà xíng de cǎo shí xìng kǒng lóng tā de yá chǐ xiàng cān dāo yī yàng dǐng duān yǒu jù chǐ yǒu le tā kě yǐ xiǎng xiàng bān lóng liè shí de yàng zi le shí fēn kǒng bù

因为有尖利的爪子，斑龙能随时攻击大型的草食性恐龙。它的牙齿像餐刀一样，顶端有锯齿。有了它，可以想象斑龙猎食的样子了，十分恐怖。

kuài sù chū jī
快速出击

bù yào yǐ wéi bān lóng gè tóu dà jiù hěn bèn qí shí tā pǎo qǐ lái sù dù zuì kuài kě dá
不要以为斑龙个头大就很笨。其实，它跑起来速度最快可达

měi xiǎo shí qiān mǐ suǒ yǐ yào shì yǒu liè wù jìn rù tā de shì xiàn tā huì fēi bēn guò qù
每小时30千米。所以，要是有猎物进入它的视线，它会飞奔过去，

yòng zì jǐ de lì zhuǎ hé yá chǐ kuài sù xiāo miè
用自己的利爪和牙齿快速消灭。

huà shí zhēn xiàng
化石真相

bān lóng de huà shí zài xǔ duō guó jiā dōu yǒu fā xiàn bǐ rú
斑龙的化石，在许多国家都有发现，比如

yīng guó fǎ guó mó luò gē děng bù guò xiàn zài hái méi yǒu fā
英国、法国、摩洛哥等。不过，现在还没有发

xiàn wán zhěng de bān lóng gǔ gé zhǐ shì fā xiàn xǔ duō bān lóng pò suì de
现完整的斑龙骨骼，只是发现许多斑龙破碎的

yí hái lǐ miàn hái hùn zá yǒu qí tā shòu jiǎo lèi kǒng lóng de gǔ gé suì piàn
遗骸，里面还混杂有其他兽脚类恐龙的骨骼碎片。

zuì chū de fā xiàn
最初的发现

nián yīng guó yī míng dì
1824年，英国一名地

zhì xué jiā fā biǎo le shì jiè shang dì yī
质学家发表了世界上第一

piān yǒu guān kǒng lóng de kē xué bào gào
篇有关恐龙的科学报告，

bào dào le yī kuài zài cǎi shí chǎng cǎi jí dào
报道了一块在采石场采集到

de kǒng lóng huà shí hòu jiāng zhè kuài huà shí
的恐龙化石。后将这块化石

mìng míng wéi bān lóng tā de lā dīng
命名为“斑龙”，它的拉丁

wén yuán yì shì cǎi shí chǎng de dà xī yì
文原意是“采石场的大蜥蜴”。

小知识

bān lóng shì zuì zǎo bèi kē xué de miáo shù hé mìng míng de kǒng lóng
斑龙是最早被科学地描述和命名的恐龙。

bà wáng lóng
霸王龙

bà wánglóng yòu míng bào lóng shì yǒu shǐ yǐ lái tǐ xíng zuì dà de lù dì shí ròu dòng wù zhī
霸王龙又名暴龙，是有史以来体型最大的陆地食肉动物之

yī shì chū le míng de kǒng bù zhī wáng tā shēnghuó zài bái è jì shí qī tǐ zhòng hé
一，是出了名的“恐怖之王”。它生活在白垩纪时期，体重和

fēi zhōu dà xiàngxiāngdāng shēn gāo chà bù duō yǒu xiàn zài de liǎngcéng lóu gāo jiē xià lái jiù ràng
非洲大象相当，身高差不多有现在的两层楼高。接下来，就让

wǒ men qù kàn kàn bā
我们去看看吧！

bà wánglóng yǒu zhe fēng lì de yá chǐ
▲霸王龙有着锋利的牙齿

wài bù xíng tài
外部形态

bà wánglóng tǐ zhòng dūn zuǒ yòu zhàn qǐ lái yǒu
霸王龙体重7吨左右，站起来有

mǐ gāo chà yī diǎn yǒu liǎngcéng pǔ tōng lóu fáng nà me
6米高，差一点有两层普通楼房那么

gāo tā de tóu bù cháng ér zhǎi liǎng jiá jī ròu fā dá
高。它的头部长而窄，两颊肌肉发达，

zuǐ lǐ yuē yǒu kē lì yá lìng wài tā de jǐng bù
嘴里约有60颗利牙。另外，它的颈部

duǎn ér cū hòu zhī qiángjiàn wěi ba kě yǐ bāngzhùshēn
短而粗，后肢强健，尾巴可以帮助身

tǐ bǎo chí pínghéng
体保持平衡。

huà shí zhēnxiàng
化石真相

sū shì bà wánglóngzhōng zuì chūmíng de kǒnglóng huà shí yě shì qì jīn wéi zhǐ fā xiàn de zuì wán
苏是霸王龙中最出名的恐龙化石，也是迄今为止发现的最完

zhěng de bà wánglóng huà shí tā tǐ cháng mǐ gāo mǐ tǐ zhòngyǒu dūn zhè shì yī
整的霸王龙化石。它体长12.4米，高4米，体重有7吨。这是一

míng nǚ gǔ shēng wù xué jiā sū hēng fó lǐ kè sēn nián zài měi guó nán dá kē tǎ zhōu fā xiàn de
名女古生物学家苏·亨佛里克森1990年在美国南达科塔州发现的。

bà wánglóng yǒu jīng rén de sù dù
▲霸王龙有惊人的速度

sù dù jīng rén
速度惊人

jù gū suàn, yòu nián de bà wánglóng shí sù 72
据估算，幼年的霸王龙时速72
qiān mǐ, ér chéngnián de bà wánglóng shí sù 18~39
千米，而成年的霸王龙时速18~39
qiān mǐ。suǒ yǐ shuō, yào shì nǎ zhǒng kǒnglóng wàn
千米。所以说，要是哪种恐龙万
yī bèi bà wánglóng dīngshàng, jiù zhǐ děng bèi guāiguāi
一被霸王龙盯上，就只等被乖乖
xiāo miè ba!
消灭吧！

qiú hūn lǐ wù
“求婚礼物”

yǒu qù de shì, rú guǒ xióng bà wánglóng xiǎng
有趣的是，如果雄霸王龙想
ràng cí bà wánglóng wèi zì jǐ shēng ér yù nǚ, jiù
让雌霸王龙为自己生儿育女，就
huì ná liè wù zuò wéi "qiú hūn lǐ wù" qù tǎo
会拿猎物作为“求婚礼物”去讨
hǎo duì fāng。zhǐ yǒu cí bà wánglóng chī de bǎo bǎo
好对方。只有雌霸王龙吃得饱饱
de, cái nénggān xīn qíngyuàn de wèi xióng bà wánglóng
的，才能甘心情愿地为雄霸王龙
shēng xià xiǎo bà wánglóng。
生下小霸王龙。

huà shí zhēnxiàng
化石真相

sū shì bà wánglóng zhōng zuì chūmíng de
苏是霸王龙中最出名的
kǒnglóng huà shí, yě shì qì jīn wéi zhǐ fā
恐龙化石，也是迄今为止发
xiàn de zuì wánzhěng de bà wánglóng huà shí。
现的最完整的霸王龙化石。
tā tǐ cháng 12.4 mǐ, gāo 4 mǐ。
它体长12.4米，高4米。

小知识

bà wáng lóng jiù xiàng
霸王龙就像
shì yī tái gǔ gé pò suì
是一台骨骼破碎
jī, míng bù xū chuán。
机，名不虚传。

xùn měng lóng 迅猛龙

xùn měng lóng yě jiào líng dào lóng sù lóng zài lā dīng wén yì wéi mǐn jié de dào zéi tā shì yī zhǒng xī tún mù shòu jiǎo yà mù chí lóng kē kǒng lóng shēng huó zài bái è jì wǎn qī nián xùn měng lóng bèi zhù míng gǔ shēng wù xué jiā ào sī běn zài měng gǔ fā xiàn zhè yě shì dì yī zhǒng yà zhōu chí lóng lèi

迅猛龙，也叫伶盗龙、速龙，在拉丁文意为“敏捷的盗贼”。它是一种蜥臀目兽脚亚目驰龙科恐龙，生活在白垩纪晚期。1924年，迅猛龙被著名古生物学家奥斯本在蒙古发现，这也是第一种亚洲驰龙类。

wài bù xíng tài 外部形态

xùn měng lóng de tǐ xíng jiē jìn huǒ jī bǐ qí tā de chí lóng kē kǒng lóng yào xiǎo lì rú kǒng zhuǎ lóng yǔ ā jī lǐ sī lóng lìng wài tā shì yī zhǒng liǎng zú kǒng lóng bìng zhǎng yǒu yǔ máo yǒu cháng ér jiān tǐng de wěi ba

迅猛龙的体型接近火鸡，比其他的驰龙科恐龙要小，例如恐爪龙与阿基里斯龙。另外，它是一种两足恐龙，并长有羽毛，有长而坚挺的尾巴。

xiǎo xíng chí lóng 小型驰龙

xùn měng lóng shì yī zhǒng xiǎo xíng chí lóng lèi chéng nián de xùn měng lóng tǐ cháng yuē mǐ tún bù gāo yuē lí mǐ tǐ zhòng yuē qiān kè

迅猛龙是一种小型驰龙类。成年的迅猛龙体长约2米，臀部高约50厘米，体重约15千克。

xùn měng lóng
▲迅猛龙

bǔ shā lì qì
捕杀利器

xùn měng lóng yǒu jiān yá lì zhuǎ yòu néng gāo sù bēn pǎo bǔ liè shí yī yuè ér qǐ yòng lián dāo zú zhā jìn liè wù de fù bù rán hòu yòng lì sī yǎo liè wù de bó zi děng zhì mìng bù wèi kāi táng pò dù

迅猛龙有尖牙利爪，又能高速奔跑。捕猎时，一跃而起，用镰刀足扎进猎物的腹部，然后用力撕咬猎物的脖子等致命部位，开膛破肚。

bǔ liè duì xiàng
捕猎对象

xùn měng lóng wǎng wǎng huì xuǎn zé zài fán zhí qī de yǔ jì bǔ liè xiǎo dòng wù dāng liè wù jìn rù shì xiàn shí tā men jiù huì gèng jiā jǐn shèn màn màn qián fú dào lí liè wù bǐ jiào jìn de dì fang

迅猛龙往往会选择在繁殖期的雨季捕猎小动物。当猎物进入视线时，它们就会更加谨慎，慢慢潜伏到离猎物比较近的地方。

diàn yǐng zhōng de xùn měng lóng
电影中的迅猛龙

zài diàn yǐng zhū luó jì gōng yuán zhōng xùn měng lóng cōng míng wú bǐ shèn zhì bǐ hǎi tún hái yào cōng míng

在电影《侏罗纪公园》中，迅猛龙聪明无比，甚至比海豚还要聪明。

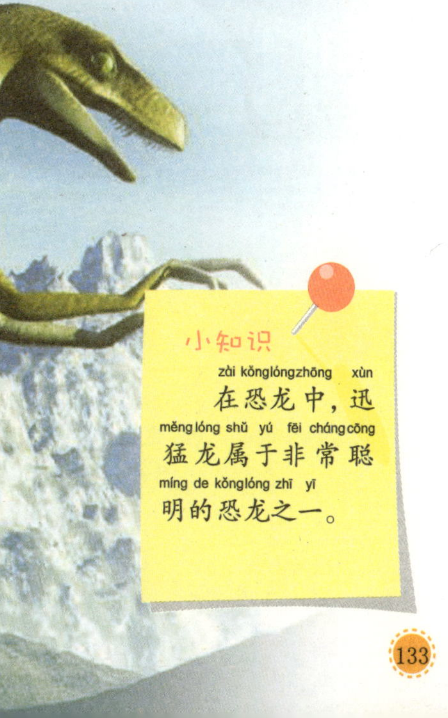

小知识

zài kǒng lóng zhōng xùn měng lóng shǔ yú fēi cháng cōng míng de kǒng lóng zhī yī

在恐龙中，迅猛龙属于非常聪明的恐龙之一。

shā chǐ lóng

鲨齿龙

shā chǐ lóng shēng huó zài bái è jì shì yī zhǒng jù xíng ròu shí xìng kǒng lóng tā zhǎng zhe xiàng
鲨齿龙生活在白垩纪，是一种巨型肉食性恐龙。它长着像
shā yú yī yàng de yá chǐ tǐ cháng yuē mǐ zhòng dá dūn kě yǐ shuō yī dàn yǒu qí
鲨鱼一样的牙齿，体长约14米，重达7吨。可以说，一旦有其
tā kǒng lóng hé shā chǐ lóng xiāng yù biàn huì wàng fēng ér táo shā chǐ lóng zhǎng xiàng xiōng měng fēi cháng
他恐龙和鲨齿龙相遇，便会望风而逃。鲨齿龙长相凶猛，非常
cán bào
残暴。

▲ shā chǐ lóng tóu bù
鲨齿龙头部

wài bù xíng tài

外部形态

jié zhì mù qián shā chǐ lóng shì zài fēi zhōu fā xiàn de zuì dà de kǒng lóng tā de shēn tǐ bǐ bà wáng lóng hái yào cháng jī hū yǔ nán fāng jù shòu xiāng dāng tā yǒu jù dà de nǎo dai dà zuǐ ba xiàng niǎo zuǐ yá chǐ hé xiàn zài de shā yú yī yàng
截至目前，鲨齿龙是在非洲发现的最大的恐龙。它的身体比霸王龙还要长，几乎与南方巨兽相当。它有巨大的脑袋，大嘴巴像鸟嘴，牙齿和现在的鲨鱼一样。

huà shí zhēn xiàng

化石真相

nián gǔ shēng wù xué jiā zài fēi zhōu fā xiàn le shā chǐ lóng de tóu gǔ huà shí zhěng gè tóu gǔ zǒng cháng mǐ bǐ bào lóng de tóu gǔ hái yào cháng lí mǐ jǐn cì yú nán fāng jù shòu mǐ cháng de tóu gǔ lìng wài tā de gǔ gǔ yuē cháng mǐ gāo yuē mǐ
1995年，古生物学家在非洲发现了鲨齿龙的头骨化石。整个头骨总长1.63米，比暴龙的头骨还要长10厘米，仅次于南方巨兽1.8米长的头骨。另外，它的股骨约长1.45米，高约7米。

鲨齿龙的亲戚

南方巨兽龙是鲨齿龙的亲戚，是肉食性恐龙中的体重冠军。它的头部厚重，前肢很短，有健壮粗大的后肢。走路时，它习惯以后肢行走，每只前掌都有三根指头，尾巴尖而细。

▲巨兽龙

意外发现

小知识

鲨齿龙是世界上最强悍的陆地动物之一。

对于鲨齿龙头骨的发现，是一次偶然事件。当时，古生物学家保罗赛里诺本来要去找棘龙化石，却意外发现了珍贵的鲨齿龙头骨化石。真是一个意外发现。

qín lóng
禽龙

qín lóng shēng huó zài bái è jì zǎo qī shǔ yú jù xíng cǎo shí xìng kǒng lóng shēn cháng yuē
禽龙生活在白垩纪早期，属于巨型草食性恐龙。身长约 9
dào mǐ gāo dào mǐ qián shǒu mǔ zhǐ yǒu yī jiān zhuǎ kě néng yòng lái dǐ kàng lüè shí
到 10 米，高 4 到 5 米，前手拇指有一尖爪，可能用来抵抗掠食
zhě jiē xià lái jiù ràng wǒ men qù kàn kàn zhè xiē lì hai de jiā huo
者。接下来，就让我们去看看这些厉害的家伙！

qín lóng yǒu wǔ gēn shǒu zhǐ
▲ 禽龙有五根手指

dì wǔ gēn shǒu zhǐ
第五根手指

qín lóng de shǒu hěn tè bié yǒu wǔ
禽龙的手很特别，有五
gēn shǒu zhǐ měi zhī shǒu shang yǒu jiān cì
根手指。每只手上有尖刺
yī yàng de mǔ zhǐ hái yǒu zhǎng zhe tí
一样的拇指，还有长着蹄
zhuàng zhuǎ zi de zhōng jiān zhǐ yǐ jí néng
状爪子的中间指，以及能
zhuā wò de dì wǔ gēn shǒu zhǐ zhè xiē shǒu
抓握的第五根手指。这些手
zhǐ kě yǐ bāng zhù qín lóng hěn hǎo de xíng
指，可以帮助禽龙很好地行
zǒu shèn zhì bǔ shí
走，甚至捕食。

wài bù xíng tài
外部形态

qín lóng shēn qū gāo dà tǐ xíng bèn zhòng wěi bā cū ér jù dà tā de tǐ zhòng yǔ yī
禽龙身躯高大，体型笨重，尾巴粗而巨大。它的体重，与一
tóu yà zhōu xiàng xiāng chà wú jǐ yī bān qíng kuàng xià qín lóng yòng sì zhī xíng zǒu dàn yǒu shí yě
头亚洲象相差无几。一般情况下，禽龙用四肢行走，但有时也
huì yī kào liǎng tiáo hòu zhī xíng zǒu tā de wěi ba yǒu xiē biǎn lì yú bǎo chí shēn tǐ píng héng
会依靠两条后肢行走。它的尾巴有些扁，利于保持身体平衡。

qī xī dì

栖息地

qín lóng xǐ huanqún jū dà dōushēnghuó zài jīn tiān ōu zhōu hé měizhōu de lín dì tā men zài mào mì de cóng lín shī rè de zhǎo zé lái mì shí yǐn shuǐ hé xiū xi tōngcháng shì sì zhī zháo dì huǎnmànxíng zǒu zài qǔ shí jué lèi hé zhēn yè shù shí xí guànyònghòu zhī zhàn lì

禽龙喜欢群居，大都生活在今天欧洲和美洲的林地。它们在茂密的丛林、湿热的沼泽，来觅食、饮水和休息，通常是四肢着地，缓慢行走。在取食蕨类和针叶树时，习惯用后肢站立。

qín lóng yī bānshēnghuó zài cóng lín huò zhězhǎo zé

▶ 禽龙一般生活在丛林或者沼泽

yǐn shí xí guàn

饮食习惯

qín lóng bǐ jiào xǐ ài mǎ wěi zǎo jué shù hé sū tiě yīn wèi tǐ xíng jù dà suǒ yǐ tā dà bù fen shí jiān dōu shì zài xúnzhǎo shí wù shí wù dào kǒuzhōnghòu tā huì xì jiáo màn yàn màn màn pǐn wèi měi shí yī fù yōu rán zì dé de yàng zi

禽龙比较喜爱马尾藻、蕨树和苏铁。因为体型巨大，所以它大部分时间都是在寻找食物。食物到口中后，它会细嚼慢咽，慢慢品味美食，一副悠然自得的样子。

小知识

qín lóng shì shì jiè shang zuì zǎo bèi rén lèi fā xiàn de kǒnglóng

禽龙是世界上最早被人类发现的恐龙。

qín lóng shì zhí shí kǒnglóng

▶ 禽龙是植食恐龙

yīng wǔ zuǐ lóng
鹦鹉嘴龙

yīng wǔ zuǐ lóng shì yī zhǒng xiǎo xíng kǒng lóng tā de tóu bù chéng fāng xíng zhǎng yǒu yī zhāng xiàng
鹦鹉嘴龙是一种小型恐龙。它的头部呈方形，长有一张像
yīng wǔ yī yàng dài gōu de zuǐ gǔ shēng wù xué jiā gēn jù tā de tǐ xíng hé shēng cún nián dài tuī duàn
鹦鹉一样带钩的嘴。古生物学家根据它的体型和生存年代推断，
yīng wǔ zuǐ lóng kě néng shì dà bù fen jiǎo lóng lèi kǒng lóng de zǔ xiān
鹦鹉嘴龙可能是大部分角龙类恐龙的祖先。

wài xíng xiàng yīng wǔ
外形像鹦鹉

yīng wǔ zuǐ lóng de zuǐ ba qián miàn jiān yìng ér qiě xiàng xià
鹦鹉嘴龙的嘴巴前面坚硬，而且向下
wān qū xíng zhuàng hé gōng néng dōu yǔ xiàn zài de yīng wǔ zuǐ shí
弯曲，形状和功能都与现在的鹦鹉嘴十
fēn xiāng sì chú le yīng wǔ zuǐ lóng yuán jiǎo lóng sān jiǎo lóng
分相似。除了鹦鹉嘴龙，原角龙、三角龙
děng jiǎo lóng lèi kǒng lóng dōu yǒu yī zhāng yīng wǔ zuǐ
等角龙类恐龙都有一张鹦鹉嘴。

yīng wǔ zuǐ lóng de wài xíng
▲鹦鹉嘴龙的外形

zài hé biān de yīng wǔ zuǐ lóng
◀在河边的鹦鹉嘴龙

如何进食

▼鹦鹉嘴龙

鹦鹉嘴龙的嘴巴前端很坚硬，能够切断植物根部，然后再用位于上下颌两侧的颊齿咀嚼。除了用牙齿之外，它还能吞下一些石块，靠这些石块把食物磨碎，帮助消化。

鹦鹉嘴龙在中国

鹦鹉嘴龙因为是拥有最多种的恐龙而著名。它生存于白垩纪的东北亚地区。最早的鹦鹉嘴龙化石是在蒙古南部戈壁沙漠发现的。这种恐龙在我国也有分布。

小知识

鹦鹉嘴龙的颧骨向两侧突出，鼻孔很小。

亲子本能

在我国辽宁省发掘的化石，提供了恐龙亲代抚育的最佳证据之一。这个标本有一个成年鹦鹉嘴龙，并接近34个未成年鹦鹉嘴龙骨骸，这些未成年骨骸长约20厘米。

yā zuǐ lóng
鸭嘴龙

yā zuǐ lóng shēng huó zài bái è jì wǎn qī shì kǒng lóng jiā zú zhōng de wǎn bèi tā de zuǐ jì biǎn píng yòu cháng xiàng yā zuǐ yí yàng suǒ yǐ bèi chēng wéi yā zuǐ lóng jiē xià lái jiù ràng wǒ men zǒu jìn yā zuǐ lóng

鸭嘴龙生活在白垩纪晚期，是恐龙家族中的晚辈。它的嘴既扁平又长，像鸭嘴一样，所以被称为“鸭嘴龙”。接下来，就让我们走近鸭嘴龙！

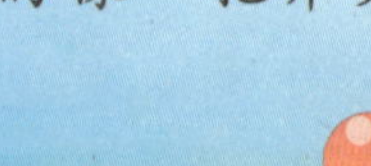
yā zuǐ lóng de fēn lèi
鸭嘴龙的分类

gēn jù yā zuǐ lóng tóu gǔ de xíng tài kě yǐ fēn wéi liǎng dà lèi yī lèi shì tóu shang píng píng de méi yǒu shén me tè bié tū chū de zhuāng shì wù lìng yī lèi zé zhǎng zhe xíng zhuàng bù tóng de tū qǐ wù jiào zuò dǐng shì dǐng shì de xíng tài duō zhǒng duō yàng yǒu de xiàng zhí wù de qiú jīng yǒu de xiàng yī bǎ fǔ tóu

根据鸭嘴龙头骨的形态，可以分为两大类：一类是头上平平的，没有什么特别突出的装饰物；另一类则长着形状不同的突起物，叫做顶饰。顶饰的形态多种多样，有的像植物的球茎，有的像一把斧头。

小知识

yā zuǐ lóng zuì dà de yǒu mǐ cháng shì cǎo shí xìng kǒng lóng jiā zú de qí zhōng yī yuán

鸭嘴龙最大的有15米长，是草食性恐龙家族的其中一员。

鸭嘴龙“木乃伊”

在美国曾经发现过两具鸭嘴龙“木乃伊”，它们的胃里有松柏等针叶树的针、细枝、被子植物的种子或其他硬的碎片等，这些东西都比较坚硬，使牙齿的磨损率很高，但鸭嘴龙上下颌的牙齿可以交错咬动。

▶ 本杰明·瓦特豪斯·郝金斯与鸭嘴龙的骨架模型，这是全球第一个恐龙骨架模型

生活习性

鸭嘴龙不善于奔跑，又缺少自卫武器，大半的时光是在沼泽、湖泊中度过的。也有些鸭嘴龙喜欢长时间呆在水里，甚至常常钻到水底下寻找食物，或逃避当时霸王龙等肉食性恐龙的袭击。

▲ 鸭嘴龙

群居生活

鸭嘴龙是一个庞大的群体种类。包含了不同品种的恐龙，最常见的有：鸭嘴龙、副龙栉龙等。古生物学家认为，鸭嘴龙有群居的习惯，一群也许有一两万之多。

kuī lóng
盔龙

kuī lóng shì yī zhǒng dà xíng kǒng lóng zhǎng zhe xiàng yā zi yī yàng de liǎn zuǐ ba yě hé yā zi yī yàng biǎn píng tā de tóu dǐng shang yǒu gè zhōng kōng de tóu guān hé dài shǔ yī yàng tā yòng hòu zhī xíng zǒu qián zhī xiāng duì duǎn yī xiē

盔龙是一种大型恐龙，长着像鸭子一样的脸，嘴巴也和鸭子一样扁平。它的头顶上有个中空的头冠。和袋鼠一样，它用后肢行走，前肢相对短一些。

bù yī yàng de tóu guān
不一样的头冠

suǒ yǒu de kuī lóng tóu shang dōu yǒu yī gè tóu guān bù guò ne gè gè kuī lóng de tóu guān dōu bù yī yàng dà yī bān lái shuō nián qīng de kuī lóng huò cí kuī lóng de tóu guān jiào xiǎo ér chéng nián de xióng kuī lóng yōng yǒu bǐ jiào dà de tóu guān xiāng fǎn yī xiē nián yòu de kuī lóng shì kàn bù dào tóu guān de

所有的盔龙头上，都有一个头冠。不过呢，各个盔龙的头冠都不一样大。一般来说，年轻的盔龙或雌盔龙的头冠较小。而成年的雄盔龙拥有比较大的头冠。相反，一些年幼的盔龙是看不到头冠的。

kuī lóng tóu gǔ huà shí
▲ 盔龙头骨化石

cōng míng de kuī lóng
聪明的盔龙

kuī lóng shì xiāng dāng cōng míng de kǒng lóng tā yòng méi yá de huì yǎo duàn xì zhī huò shù yè hé sōng zhēn rán hòu fàng rù tā hòu miàn chéng pái de yá chǐ jiān dà yuē yǒu yī liàng gōng gòng qì chē cháng de kuī lóng zǒu lù kào hòu tuǐ dàn dāng tā jìn shí shí shì yòng jiào duǎn de qián tuǐ zhī chēng shēn tǐ

盔龙是相当聪明的恐龙，它用没牙的喙咬断细枝或树叶和松针，然后放入它后面成排的牙齿间。大约有一辆公共汽车长的盔龙，走路靠后腿。但当它进食时，是用较短的前腿支撑身体。

小知识

kuī lóng tǐ zhòng yuē dūn shēn cháng dá mǐ zhǔ yào fēn bù zài jiā ná dà hé měi guó

盔龙体重约4吨，身长达10米。主要分布在加拿大和美国。

kuī lóng de zhuǎ zi
盔龙的爪子

kuī lóng de zhuǎ zi
▲ 盔龙的爪子

kuī lóng de zhuǎ zi yī diǎn ér yě bù fēng lì kuī lóng de zhuǎ zi hěn dà suǒ yǐ zǒu lù de shí hòu bù yòng bǎ zì jǐ de jiǎo zhǐ wān qū qǐ lái yīn wèi bù yòng dān xīn dì miàn huì bǎ zì jǐ de zhuǎ zi mó dùn zhèng yīn wèi rú cǐ suǒ yǐ tā wú fǎ dǐ yù ròu shí kǒng lóng de xí jī

盔龙的爪子一点儿也不锋利。盔龙的爪子很大，所以走路的时候不用把自己的脚趾弯曲起来，因为不用担心地面会把自己的爪子磨钝。正因为如此，所以它无法抵御肉食恐龙的袭击。

yù fáng bù cè
预防不测

kuī lóng yòng hòu zhī zhàn lì shēn gāo zú kě yǐ shǐ tā xiàng èr céng lóu de chuāng hù lǐ zhāng wàng xìng qíng wēn hé de kuī lóng bù shì tiān shēng de hào zhàn zhě tā men de shēn shang méi yǒu kuī jiǎ jí cì hé lì zhuǎ tā men yī kào mǐn ruì fā dá de shì jué hé tīng jué qì guān qù yù fáng bù cè

盔龙用后肢站立，身高足可以使它向二层楼的窗户里张望。性情温和的盔龙，不是天生的好战者，它们的身上没有盔甲、棘刺和利爪，它们依靠敏锐发达的视觉和听觉器官去预防不测。

cí mǔ lóng
慈母龙

zài kǒng lóng shì jiè lǐ cí mǔ lóng shì chū le míng de hǎo mā ma tā de wài xíng
在恐龙世界里，慈母龙是出了名的“好妈妈”。它的外形
xiàng mǎ yí yàng zhǎng zhe cháng cháng de tóu yǎn jīng shàng fāng yǒu yí gè shí xīn de gǔ zhì tóu guān
像马一样，长着长长的头，眼睛上方有一个实心的骨质头冠。
tā de qián tuǐ bǐ hòu tuǐ duǎn yǒu tiáo cháng cháng de wěi ba cí mǔ lóng yòng sì tiáo tuǐ zǒu lù
它的前腿比后腿短，有条长长的尾巴。慈母龙用四条腿走路，
pǎo bù shí yòng liǎng tiáo tuǐ tā men pǎo de hěn kuài
跑步时用两条腿，它们跑得很快。

fā xiàn cí mǔ lóng
发现慈母龙

cí mǔ lóng yīng wén de hán yì shì hǎo mā ma xī yì nián zài měi guó
慈母龙英文的含义是“好妈妈蜥蜴”。1979年，在美国
méng dà ná kē xué jiā men fā xiàn le yì xiē kǒng lóng wō qí zhōng yǒu xiǎo kǒng lóng de gǔ
蒙大拿，科学家们发现了一些恐龙窝，其中有小恐龙的骨
jià yú shì tā men bǎ zhè zhǒng kǒng lóng mìng míng wéi cí mǔ lóng cí mǔ lóng de huì lǐ
架。于是，他们把这种恐龙命名为慈母龙。慈母龙的喙里
méi yǒu yá dàn shì zuǐ de liǎng biān yǒu yá
没有牙，但是嘴的两边有牙。

ài xīn mā ma
爱心妈妈

zài kǒng lóng wáng guó cí mǔ lóng shì zuì yǒu ài xīn de mā ma zài xiǎo cí mǔ lóng hái méi
在恐龙王国，慈母龙是最有爱心的“妈妈”。在小慈母龙还没
yǒu chū shēng qián cí mǔ lóng jiù huì jīng xīn zhào gù zhè xiē xiǎo bǎo bǎo zhí dào tā men chū shēng
有出生前，慈母龙就会精心照顾这些“小宝宝”，直到它们出生
bìng dú lì qǐ lái zhè yě shì wèi shén me gǔ shēng wù xué jiā yào gěi tā yí gè zhè yàng de míng zi
并独立起来。这也是为什么古生物学家要给它一个这样的名字。

cí mǔ lóng
▶ 慈母龙

cí mǔ lóng de cháo
慈母龙的巢

cí mǔ lóng xǐ huanqún jū shēnghuó jiù liánchǎndàn
慈母龙喜欢群居生活，就连产蛋
fū luǎn dōunéng jí tǐ xíngdòng tā men de cháoshùliàng zuì
孵卵都能集体行动。它们的巢数量最
duō zài píngfāngqiān mǐ de fàn wéi yǒu le duō gè
多，在1平方千米的范围有了40多个。
tā men de cháozhù zài gāo dì zhí jìng yuē mǐ chéng
它们的巢筑在高地，直径约2米，呈
pénzhuàng xià diàn ní tǔ hé xiǎo shí zǐ
盆状，下垫泥土和小石子。

cí mǔ lóng dàn cháo
▲慈母龙蛋巢

zhào gù yòu zǐ
照顾幼子

小知识

rén men yǐ jīng fā xiàn
人们已经发现
le duō jù cí mǔ lóng
了300多具慈母龙
gǔ gé huà shí
骨骼化石。

měi dào fán zhí jì jié cí mǔ lóng huí cháochǎndàn měicháo
每到繁殖季节，慈母龙回巢产蛋，每巢
yuē méi pái liè chéngyuánxíng dànshangmiàn fù gài zhí wù qǐ
约25枚，排列成圆形，蛋上面覆盖植物起
bǎo wēn zuòyòng tóng shí fā xiàn de cí mǔ lóng yòu lóng gǔ gé fǎn
保温作用。同时发现的慈母龙幼龙骨骼，反
chú de shí wù cháoxuépáng de zú jì děngzhèng jù zhè biǎomíng
刍的食物，巢穴旁的足迹等证据，这表明
cí mǔ lóng yào xì xīn zhào gù yòu lóng hěncháng yī duàn shí jiān
慈母龙要细心照顾幼龙很长一段时间。

qiè dàn lóng

窃蛋龙

qiè dàn lóng shēng huó zài bái è jì wǎn qī cháng yuē liǎng mǐ dà xiǎo rú tuó niǎo yì bān
窃蛋龙生活在白垩纪晚期，长约两米，大小如鸵鸟一般，
zhǎng yǒu jiān zhuǎ wěi ba yě hěn cháng shì zuì xiàng niǎo lèi de kǒng lóng zhī yī yīn wèi bèi rèn wéi
长有尖爪，尾巴也很长，是最像鸟类的恐龙之一。因为被认为
shì tōu chī qí tā kǒng lóng dàn de xiǎo tōu bèi chēng wéi qiè dàn lóng
是偷吃其他恐龙蛋的“小偷”，被称为“窃蛋龙”。

fā xiàn qiè dàn lóng

发现窃蛋龙

nián měi guó de yí wèi gǔ shēng wù xué jiā zài méng gǔ dà gē bì shang ǒu rán fā xiàn
1923年，美国的一位古生物学家在蒙古大戈壁上，偶然发现
le yí gè kǒng lóng gǔ jià zhǐ jiàn yí gè kǒng lóng zhèng pá zài yì wō yuán jiǎo lóng de dàn shang yú shì
了一个恐龙骨架。只见一个恐龙正爬在一窝原角龙的蛋上，于是
jiù gěi zhè gè kǒng lóng qǐ míng qiè dàn lóng shì hòu zhèng shí zhè shì yuān wang le qiè dàn lóng de
就给这个恐龙起名“窃蛋龙”。事后证实，这是冤枉了窃蛋龙的。

shēn yuān zhāo xuě

伸冤昭雪

nián wǒ guó yí wèi gǔ shēng wù xué
1991年，我国一位古生物学
jiā dǒng zhī míng jiào shòu tōng guò duì yì duī huà shí
家董枝明教授，通过对一堆化石
yán jiū hòu rèn wéi qiè dàn lóng bù jǐn bú qù tōu
研究后，认为窃蛋龙不仅不去偷
bié de kǒng lóng dàn ér qiě hái néng zì jǐ fū dàn
别的恐龙蛋，而且还能自己孵蛋。
hòu lái zhè yì guān diǎn bèi guó jì suǒ jiē shòu
后来，这一观点被国际所接受，
qiè dàn lóng zhōng yú dé yǐ zhèng míng
窃蛋龙终于得以“正名”。

qiè dàn lóng huà shí
▲窃蛋龙化石

小知识

qiè dàn lóng xíng dòng mǐn jié kě yǐ yòng wěi ba bǎo chí shēn tǐ píng héng
窃蛋龙行动敏捷，可以用尾巴保持身体平衡。

wài bù xíng tài
外部形态

qiè dàn lóng de tǐ xíng jiào xiǎo tóu bù yóu qí duǎn tóu shang hái yǒu yī gè gāo sǒng de gǔ zhì tóu guān xiǎn de gé wài tū chū tā de zuǐ lǐ méi yǒu yá chǐ dàn huì bù yǒu liǎng gè jiān ruì de gǔ zhì jiān jiǎo qián zhī fēi cháng qiáng zhuàng hái yǒu cháng cháng de hòu zhī hé wěi ba
窃蛋龙的体型较小，头部尤其短，头上还有一个高耸的骨质头冠，显得格外突出。它的嘴里没有牙齿，但喙部有两个尖锐的骨质尖角。前肢非常强壮，还有长长的后肢和尾巴。

hé niǎo lèi xiāng xiàng
和鸟类相像

zhèng yīn wèi qiè dàn lóng yǒu yī tiáo jī ròu fā dá fēi cháng líng huó de wěi ba ér qiě zuì shǎo yǒu yī shàn wěi yǔ yòng yú xiàng yì xìng xuàn yào jiù xiàng kǒng què yī yàng tā tōng guò bǎi dòng wěi bù yǔ máo xī yǐn yì xìng zhè zhǒng xíng wéi biǎo míng qiè dàn lóng de niǎo lèi tè zhēng shí fēn míng xiǎn
正因为窃蛋龙有一条肌肉发达、非常灵活的尾巴，而且最少有一扇尾羽用于向异性炫耀。就像孔雀一样，它通过摆动尾部羽毛吸引异性。这种行为表明窃蛋龙的鸟类特征十分明显。

qiè dàn lóng
▲ 窃蛋龙

sān jiǎo lóng
三角龙

gù míng sī yì sān jiǎo lóng de tóu shang zhǎng le sān gè jī jiǎo àn dà xiǎo lái shuō xiāng
顾名思义，三角龙的头上长了三个犄角。按大小来说，相
dāng yú xiàn zài de shuāngcéng gōng gòng qì chē nà me dà cóng wài xíng shang kàn sān jiǎo lóng xiǎn dé
当于现在的双层公共汽车那么大。从外形上看，三角龙显得
shí fēn bèn zhuō shí jì shang tā yī diǎn yě bù bèn yào shì sā kāi tuǐ bēn pǎo sù dù xiāng
十分笨拙，实际上，它一点也不笨，要是撒开腿奔跑，速度相
dāng kuài
当快。

qí yì de wài xíng
奇异的外形

guāng kàn sān jiǎo lóng de tóu jiù zhàn tā shēn cháng de sān fēn zhī yī kǒng pà shì kǒng lóng zhōng
光看三角龙的头，就占它身长的三分之一，恐怕是恐龙中
zuì qí tè de tóu bù yǒu sān zhī jiǎo liǎng yǎn shàng fāng fēn bié yǒu yī zhī mǐ cháng de méi jiǎo
最奇特的：头部有三只角，两眼上方分别有一只1米长的眉角，
shí fēn fēng lì bí zi shang hái yǒu yī zhī bǐ jiào duǎn xiǎo de bí jiǎo
十分锋利，鼻子上还有一只比较短小的鼻角。

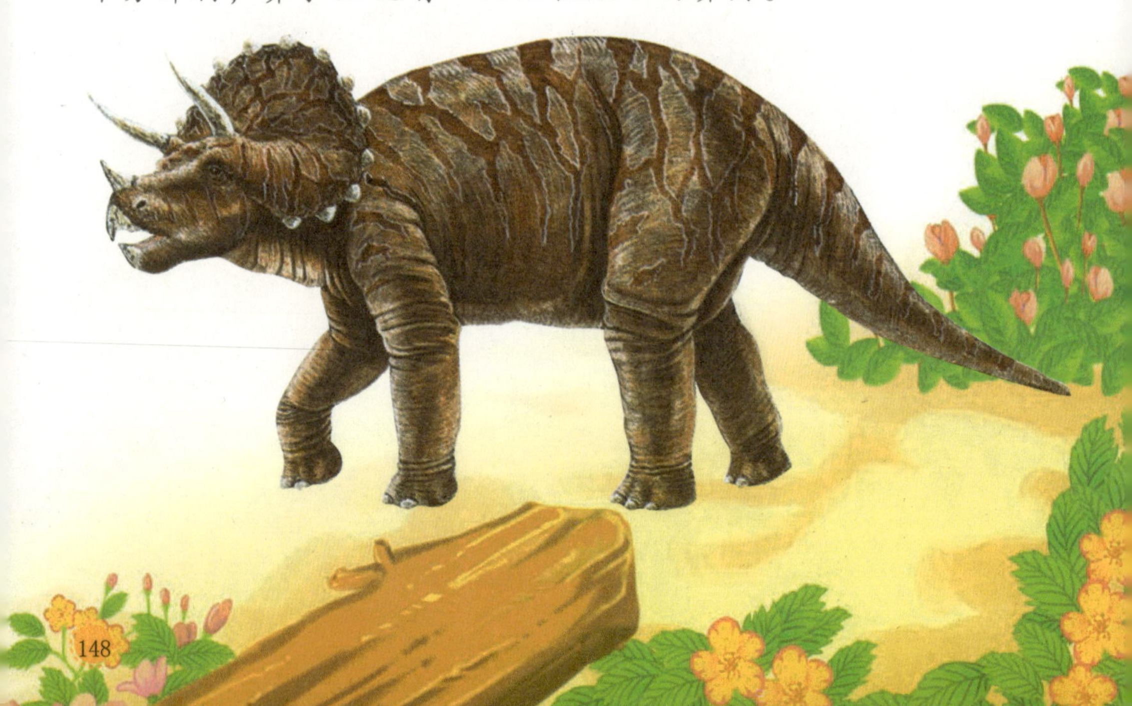

mò qī kǒnglóng
末期恐龙

sān jiǎo lóng shì jiǎo lóngzhōng zuì zhùmíng de kǒnglóng
三角龙是角龙中最著名的恐龙，
yě shì jiǎo lóngzhōng tǐ xíng zuì dà de yě shì chū xiàn shí jiān
也是角龙中体型最大的，也是出现时间
zuì wǎn shùliàng zuì duō de jiǎo lóng zhí dào bái è jì jié shù
最晚，数量最多的角龙。直到白垩纪结束，
sān jiǎo lóng yě miè jué le shì mò qī kǒnglóng de dài biǎo
三角龙也灭绝了，是末期恐龙的代表。

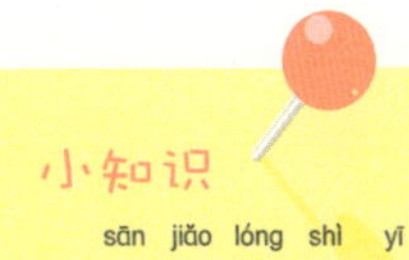

小知识

sān jiǎo lóng shì yī zhǒng wēn shùn de cǎo shí xìng kǒnglóng
三角龙是一种温顺的草食性恐龙。

yǒu qù de zhēngdòu
有趣的争斗

zài sān jiǎo lóngzhōng yě shì yǐ wǔ lì shuō le suàn de
在三角龙中，也是以“武力”说了算的。
bǐ rú wèi le jìngzhēngqún tǐ shǒulǐng tā men zhī jiān huì lái yī chǎng
比如为了竞争群体首领，它们之间会来一场
zhēngdòu dāngrán zhèchǎngzhēngdòu bù shì xuè lín lín de nǐ sǐ wǒ
争斗。当然这场争斗，不是血淋淋的你死我
huó ér shì yòngjiǎo tuī lái tuī qù shuíyíng le jiù chū rènshǒulǐng
活，而是用角推来推去，谁赢了就出任首领。

wēn hé de kǒnglóng
温和的恐龙

bié kàn sān jiǎo lóngyàng zi kě pà shí jì shang tā hěnwēn hé tā shì zuì lì hai de shí cǎo
别看三角龙样子可怕，实际上它很温和。它是最厉害的食草
kǒnglóng tā fēi chángqiáng dà quècóng bù zhǔdòng xí jī qí tā kǒnglóng zhǐ yǒuzhēngduó cí lóng
恐龙，它非常强大，却从不主动袭击其他恐龙。只有争夺雌龙
hé shòudào shí ròu lónggōng jī shí cái huì shǐyòng tā nà jīng rén de lì liàng
和受到食肉龙攻击时，才会使用它那惊人的力量。

恐龙时代动物

在史前时代，除了恐龙，还生活着许多其他动物。这里有天上飞的翼龙、水中游的鱼龙，还有海龟、鳄鱼、蜥蜴，以及后来出现的鸟类和蛇，这些动物都和恐龙生活在同一时代。随着环境的变化，一些动物也发生了改变。接下来，就让我们走近史前其他动物，和它们一同感受那时的天空吧！

shǐ zǔ niǎo
始祖鸟

shǐ zǔ niǎo shì shì jiè shang gōng rèn de zuì zǎo de niǎo lèi, tā shēng huó zài zhū luó jì wǎn qī de rè dài shā mò hé dǎo yǔ dì qū。gè tóur hé xiàn zài de wū yā chà bù duō。yóu yú tā chū xiàn de shí jiān zǎo, suǒ yǐ shēn shang hái bǎo liú yǒu xǔ duō pá xíng dòng wù de tè zhēng, yī qǐ qù kàn kàn bā!

始祖鸟是世界上公认的最早的鸟类，它生活在侏罗纪晚期的热带沙漠和岛屿地区。个头儿和现在的乌鸦差不多。由于它出现的时间早，所以身上还保留有许多爬行动物的特征，一起去看看吧！

shǐ zǔ niǎo
▲ 始祖鸟

shǐ zǔ niǎo de fā xiàn
始祖鸟的发现

nián, rén men zài dé guó bā fá lì yà zhōu zhǎo dào le yī zhǒng gǔ gé huà shí。zhè zhǒng gǔ gé huà shí shì shén me shēng wù ne? yǒu rén jiù cāi xiǎng shì míng wéi "xì jǐng lóng" de fēi cháng xiǎo de kǒng lóng。hòu yīn huà shí shang yǒu yǔ máo de hén jì, suǒ yǐ tā bèi mìng míng wéi shǐ zǔ niǎo。

1861年，人们在德国巴伐利亚州找到了一种骨骼化石。这种骨骼化石是什么生物呢？有人就猜想是名为“细颈龙”的非常小的恐龙。后因化石上有羽毛的痕迹，所以它被命名为始祖鸟。

小知识

shǐ zǔ niǎo shì kǒng lóng xiàng niǎo lèi guò dù qī jiān de yī zhǒng wù zhǒng

始祖鸟是恐龙向鸟类过渡期间的一种物种。

类爬行动物

始祖鸟是一种奇怪的动物，属于半鸟半爬行动物。它的嘴里长着牙齿，翅膀尖上长着三个指爪；掌骨和跖骨都是分离的，还有一条由许多节分离的尾椎骨构成的长尾巴，这些特点和爬行类极为相似。

▲飞翔的始祖鸟

从恐龙到鸟

由于始祖鸟长相奇怪，到底是恐龙还是鸟？其实，古生物学经过对化石研究发现，它是由恐龙进化来的。慢慢地，前肢变成了翅膀，终于飞了起来。

鸟类特征

化石显示，始祖鸟有锯齿状的牙齿及和恐龙一样的骨骼，完全一副恐龙的样子。但当时之所以把它称为“鸟”，是因为它的羽毛。而且这些羽毛有很多种，这些特征都是鸟类最基本的特征。

yì shǒu lóng 翼手龙

yì shǒu lóng shì yì shǒu lóng lèi zhōng de diǎn xíng dài biǎo tā shì yī zhǒng xiǎo xíng kǒng lóng yì zhǎn yuē mǐ zhòng yuē qiān kè yì bān zài kāi kuò de shuǐ biān shēng huó yǐ yī xiē xiǎo yú xiǎo xiā wéi shēng yīn wèi zhǎng yǒu yá chǐ tā men néng hěn shùn lì de bǔ zhuō yú lèi jiē xià lái ràng wǒ men yī qǐ qù kàn kàn bā

翼手龙是翼手龙类中的典型代表。它是一种小型恐龙，翼展约1米，重约5千克，一般在开阔的水边生活，以一些小鱼、小虾为生。因为长有牙齿，它们能很顺利地捕捉鱼类。接下来，让我们一起去看看吧！

yì lóng 翼龙

yì lóng shì zuì zǎo fēi shàng tiān kōng de pá xíng dòng wù yě shì zuì zǎo fēi shàng tiān kōng de jǐ zhuī dòng wù gǔ shēng wù xué jiā bǎ yì lóng fēn wéi liǎng lèi yī lèi shì huì zuǐ lóng lèi yě jiù shì bǐ jiào yuán shǐ de yì lóng dì èr lèi shì yì shǒu lóng lèi shǔ yú zhú jiàn jìn huà de yì lóng

翼龙是最早飞上天空的爬行动物，也是最早飞上天空的脊椎动物。古生物学家把翼龙分为两类，一类是喙嘴龙类，也就是比较原始的翼龙。第二类是翼手龙类，属于逐渐进化的翼龙。

小知识

zài yì shǒu lóng zhōng jiān hái yǒu yī xiē tǐ xíng hé má què dà xiǎo yī bān

在翼手龙中间，还有一些体型和麻雀大小一般。

zhào gù bǎo bǎo
照顾宝宝

yì lóng
▼翼龙

gǔ shēng wù xué jiā fā xiàn yì shǒulóng huì xiàngxiàn zài de
古生物学家发现，翼手龙会像现在的
niǎo lèi yī yàng néng zài shù dǐngshanghuòxuán yá shangzhùcháo bìng
鸟类一样，能在树顶上或悬崖上筑巢，并
qiě zài zì jǐ de kǒnglóng bǎo bǎo chūshēnghòu huì jīng xīn de zhào
且在自己的恐龙宝宝出生后，会精心地照
gù xiǎo bǎo bǎo zhí dào xiǎo bǎo bǎonénggòu dú lì shēnghuó wéi zhǐ
顾小宝宝，直到小宝宝能够独立生活为止。

wú chǐ yì lóng
无齿翼龙

wú chǐ yì lóng shì yì shǒulóng lèi de yī zhǒng tā de yì zhǎn dá bā jiǔ mǐ tóu bù jù dà
无齿翼龙是翼手龙类的一种，它的翼展达八九米，头部巨大，
huì bù hěncháng hóu jǐng bù yǒu pí náng bù guò tā de zuǐ lǐ yǐ jīng méi yǒu yá chǐ le kě
喙部很长，喉颈部有皮囊。不过，它的嘴里已经没有牙齿了，可
néng shì xiàngxiàn zài de tí hú yī yàngyòng dà zuǐ tūn shí yú lèi
能是像现在的鹈鹕一样用大嘴吞食鱼类。

yì shǒulóng lèi
翼手龙类

yì shǒulóng lèi qǐ yuán yú zhū luó jì wǎn
翼手龙类起源于侏罗纪晚
qī zài bái è jì zuì wéi fán shèng tā men
期，在白垩纪最为繁盛。它们
de tóu gǔ dà dōu bǐ jiào qīng wěi ba jī běn
的头骨大都比较轻，尾巴基本
shang yǐ jīng tuì huà huò xiāo shī diào le zhè yě
上已经退化或消失掉了。这也
ràng tā men de fēi xíngnéng lì hěnqiáng zài dāng
让它们的飞行能力很强，在当
shí kě shì kōngzhōng de jiǎo jiǎo zhě
时可是空中的佼佼者。

shé jǐng lóng
蛇颈龙

shé jǐng lóng shì yī zhǒng shēng huó zài shuǐ zhōng de dà xíng pá xíng dòng wù tā men yóu lù shàng
蛇颈龙是一种生活在水中的大型爬行动物。它们由陆上
shēng wù yǎn huà ér lái zài huí dào hǎi yáng zhōng shēng huó gēn jù bó zi de cháng duǎn tā yòu
生物演化而来，再回到海洋中生活。根据脖子的长短，它又
fēn wéi duǎn jǐng shé jǐng lóng hé cháng jǐng shé jǐng lóng zhǔ yào yǐ yú lèi wéi shēng
分为短颈蛇颈龙和长颈蛇颈龙，主要以鱼类为生。

cháng tóu lóng 长头龙

duǎn jǐng shé jǐng lóng bǐ jiào yuán shǐ qí
短颈蛇颈龙比较原始，其
zhōng dài biǎo yǒu cháng tóu lóng tā de tǐ cháng
中代表有长头龙。它的体长
wéi mǐ zhǔ yào fēn bù zài bái è jì shí
为9米，主要分布在白垩纪时
qī de ào dà lì yà hé nán měi zhōu dì qū
期的澳大利亚和南美洲地区。
tā yǒu yī tiáo duǎn ér jiān de wěi ba bù guò
它有一条短而尖的尾巴，不过
ne kě bù shì tā yòng lái yóu yǒng yòng de
呢，可不是它用来游泳用的。

shé jǐng lóng
▲ 蛇颈龙

shé jǐng lóng de zhǎng xiàng bǐ jiào kǒng bù tā men céng jīng
▼ 蛇颈龙的长相比较恐怖，它们曾经
zài hǎi yáng zhōng shēng huó le hěn cháng shí jiān
在海洋中生活了很长时间

yóuyǒngfāng shì
游泳方式

duǎnjǐng shé jǐng lóngnéngcháng jù lí kuài sù
短颈蛇颈龙能长距离快速
yóuyǒng tā men de qiánshuǐnéng lì jí qiáng shèn
游泳，它们的潜水能力极强，甚
zhì néngqián rù shuǐ xià mǐ de shēn hǎi bǔ
至能潜入水下300米的深海，捕
huòshēn hǎi yú lèi ér chángjǐng shé jǐng lóng de yóu
获深海鱼类。而长颈蛇颈龙的游
yǒngnéng lì zé yào ruò hěn duō tā zhǐ néng zài shuǐmiànshangpiāo fú sù dù yě hěn màn
泳能力则要弱很多，它只能在水面上漂浮，速度也很慢。

zài hǎi zhōng zì yóu zì zài yóudòng de shé jǐng lóng
▲在海中自由自在游动的蛇颈龙

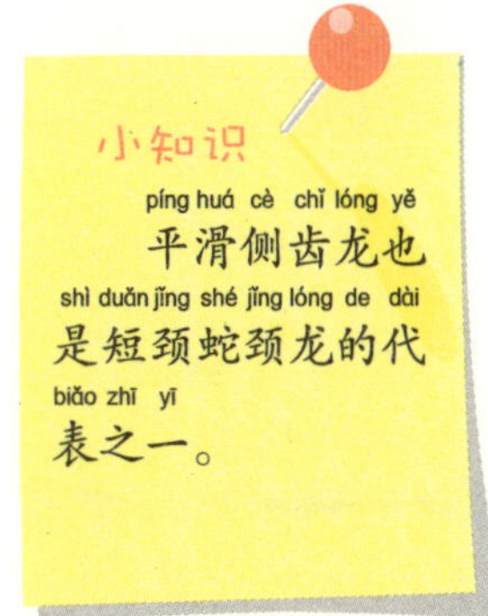

小知识

píng huá cè chǐ lóng yě shì duǎn jǐng shé jǐng lóng de dài biǎo zhī yī
平滑侧齿龙也是短颈蛇颈龙的代表之一。

tè shū de bí zi
特殊的鼻子

shé jǐng lóng yǒu gè yǔ zhòng bù tóng de bí zi xiù jué xiāng
蛇颈龙有个与众不同的鼻子，嗅觉相
dānglíng mǐn yě jiù shì shuō shé jǐng lóng yī biān yóu yī biān kě
当灵敏。也就是说，蛇颈龙一边游，一边可
yǐ sōu suǒ zì jǐ ài chī de měi wèi zhēn shì jiào rén pèi fú
以搜索自己爱吃的美味，真是叫人佩服。

ní sī hú shuǐguài de mì mì
尼斯湖水怪的秘密

yǒu kē xué jiā rèn wéi ní sī hú shuǐguài hěn kě néng shì shé jǐng lóng yīn wèi tā men zài hú
有科学家认为，尼斯湖水怪很可能是蛇颈龙，因为它们在湖
pàn fā xiàn le yǒuguānshé jǐng lóng de huà shí zhǐ shì xiàn zài hái méi yǒu què záo de zhèng jù zhè yě
畔发现了有关蛇颈龙的化石。只是现在还没有确凿的证据，这也
zhǐ shì yī zhǒng cāi cè dà duō shù kē xué jiā dōu rèn wéi tā zhǐ shì yī zhǒng yú lèi huò zhě gēn běn
只是一种猜测。大多数科学家都认为它只是一种鱼类，或者根本
jiù bù cún zài
就不存在。

cāng lóng
沧龙

cānglóng shì yī zhǒng hǎi yáng pá xíng dòng wù yàng zi hěn kě pà zhǎngxiàng gēn xiàn zài de è
沧龙是一种海洋爬行动物，样子很可怕，长相跟现在的鳄
yú chà bù duō zhǐ shì méi yǒu qián zhī hé zhuǎ zhǐ yǒu shì hé zài shuǐzhōng yóu yǒng de qí zài
鱼差不多，只是没有前肢和爪，只有适合在水中游泳的鳍。在
bái è jì shí qī hǎi yángzhōng dào chù dōu yǒu cāng lóng de yǐng zi kě yǐ shuō shì dāng shí hǎi zhōng
白垩纪时期，海洋中到处都有沧龙的影子，可以说是当时海中
de bà zhǔ
的霸主。

gè tóu biàn dà
个头变大

zuì zǎo chū xiàn de cānglóng gè tóu jiào xiǎo kāi shǐ zhǐ yǒu yī bù fen néng shì yìng hǎi yángshēng
最早出现的沧龙个头较小，开始只有一部分能适应海洋生
huó mànmàn de yuè lái yuè duō de cānglóng shì yìng le zài hǎizhōngshēnghuó gè tóu yě biàn de yuè
活。慢慢地，越来越多的沧龙适应了在海中生活，个头也变得越
lái yuè dà zài suǒ yǒucānglóngzhōng gè tóu zuì dà de yào shǔ hǎi lóngwáng
来越大。在所有沧龙中，个头最大的要数海龙王。

shēn tǐ xì cháng
身体细长

cóngwài xíng lái kàn cānglóng hěnxiàngxiàn zài de yì zhǒng yú lèi
从外形来看，沧龙很像现在的一种鱼类。
tā de huì bù shí fēn jiāncháng bìng qiě zhǎngmǎn le lì cì zhěng gè shēn
它的喙部十分尖长，并且长满了利刺，整个身
tǐ yě hěn xì cháng wěi ba yě hěn biǎncháng qí zhōng dà yánglóng de
体也很细长，尾巴也很扁长。其中，大洋龙的
wěi ba jí cháng jī hū zhàndào le shēn tǐ zǒngcháng de yī bàn
尾巴极长，几乎占到了身体总长的一半。

cānglóng
◀ 沧龙

与蛇的关系

从外形来看，沧龙和蛇类有相似之处，有人就说它们应该是近亲关系，都是由相同的祖先进化而来的，而它们的祖先很可能是生活在水中的一种动物。只是这些猜测还没有科学的依据。

小知识

1770年，第一块沧龙化石在荷兰被发现。

靠近水域

沧龙游动的速度不快，它们大部分时间都是在海边生活，喜欢捕捉像海鸟或海龟，甚至也会捕杀大鲨鱼、蛇颈龙等大型猎物。

抓捕猎物

有趣的是，沧龙喜欢用伏击的方式捕猎。比如，它常常是躲藏在海藻或礁石后，一旦有猎物经过，它便会飞快地上前咬住猎物。这样，一顿美餐就到手了，可以大饱口福。

▲体型较大的沧龙能把人类体型大小的动物整个吞下去。